西咸新区能源金贸起步区地下空间一体化设计关键技术与应用

方忠强　张建军　著

中国建材工业出版社

图书在版编目（CIP）数据

西咸新区能源金贸起步区地下空间一体化设计关键技术与应用/方忠强，张建军著--北京：中国建材工业出版社，2023.3

ISBN 978-7-5160-3315-9

Ⅰ.①西… Ⅱ.①方… ②张… Ⅲ.①城市空间—地下建筑物——一体化—设计—西安 Ⅳ.①TU922

中国版本图书馆 CIP 数据核字（2021）第 196826 号

内 容 提 要

全书依托西咸新区能源金贸起步区城市地下空间一体化设计，紧扣工程特点，着重介绍地面道路工程设计、地下环隧工程设计、综合管廊工程设计、南北绿廊及地下空间项目设计，内容涉及总体设计、结构设计、通风系统、给排水消防系统、供电照明系统、景观绿化等。

书中突出总体设计方案的选择、优化过程，各子系统的比选、设计，新技术、新材料、新工艺的应用，还介绍了一些新思考与工程实践。希望本书的出版能对工程设计人员、科研人员提供很好的借鉴参考并有所裨益。

西咸新区能源金贸起步区地下空间一体化设计关键技术与应用

Xixian Xinqu Nengyuan Jinmao Qibuqu Dixia Kongjian Yitihua Sheji Guanjian Jishu yu Yingyong

方忠强　张建军　著

出版发行：中国建材工业出版社

地　　址：北京市海淀区三里河路 11 号

邮　　编：100831

经　　销：全国各地新华书店

印　　刷：北京印刷集团有限责任公司

开　　本：787mm×1092mm　1/16

印　　张：14.25

字　　数：220 千字

版　　次：2023 年 3 月第 1 版

印　　次：2023 年 3 月第 1 次

定　　价：**79.80 元**

前言

随着我国城市建设的蓬勃发展，大型地下空间工程进入了高速发展阶段。工程设计是工程建设的先行者，任何一项战略地位重要、功能要求多样、建设条件特殊、投资巨大的地下工程，其设计都不是一蹴而就的，必须经历概念设计、优化设计不同阶段的反复探讨、论证和计算。每一项工程都要根据其特殊的建设条件与要求，合理、经济、科学地开拓和满足工程所要求的功能。

地下空间一体化设计是当今设计人员遇到的新挑战，地下空间的规模与复杂性会引发交通组织、结构受力状态、通风方式、抗灾体系等新的关键技术难题。为此，作者依托西咸新区能源金贸起步区城市地下空间一体化设计，归纳总结了地下空间一体化设计的思路、比选优化过程、分析计算、创新技术等。本书对该工程设计分析的全过程进行详细介绍，试图为广大专业设计人员提供有针对性的参考。

全书共分9章。第1章介绍了工程背景、建设必要性、研究范围与研究内容；第2章介绍了工程建设条件及相关规划；第3章介绍了交通分析与预测；第4章介绍了地面道路工程；第5章介绍了地下环隧工程；第6章介绍了综合管廊工程；第7章介绍了地下空间工程方案；第8章介绍了景观绿化方案；第9章介绍了新技术的应用及建议。作者希望通过本书向读者全面、细致地介绍复杂城市地下空间一体化设计的完整研究技术体系。

本书在编写过程中参考了大量的技术文献，引用了国内外许多工程设计资料。在设计研究中，得到了华设设计集团股份有限公司、北京城建设计发展集团股份有限公司的大力协助，也得到了其他单位的指导和配合，在此一并表示最诚挚的谢意，并向支持本书出版的各位领导和专家表示衷心的感谢。由于作者水平有限，书中难免有不足之处，恳请专家和读者指正。

著　者
2022 年 12 月

目　录

第 1 章

概　述

1.1
项目建设背景

1.1.1　国家层面

西咸新区丝路经济带能源金融贸易区位于西咸新区核心位置，地处沣河、渭河交汇处，北临渭河、西傍沣河、东至太平河、南至科统片区，总规划面积约 27km² (图 1-1)。2014 年 1 月 6 日，国务院发布国函〔2014〕2 号文件《国务院关于同意设立陕西西咸新区的批复》，正式批复陕西设立西咸新区。至此，西咸新区正式成为国家级新区，是中国的第 7 个国家级新区。2014 年 10 月 17 日，陕西省委、陕西省人民政府出台《关于加快西咸新区发展的若干意见》，标志着西咸新区开发建设进入新阶段。为了落实"一路一带"倡议的建设，2014 年 1 月 22 日，西咸新区管委会设立了"丝路经济带能源金贸中心园区"和"西咸国际文化教育园"，2018 年 11 月 21 日管委会将能源金贸中心园区和国际文化教育园整合为西咸新区丝路经济带能源金融贸易区。

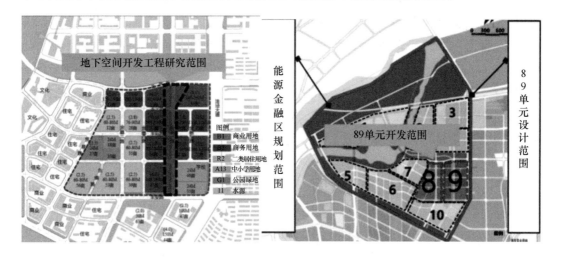

图 1-1　项目区位

自能源金融贸易区成立以来，党和国家提出了生态文明建设、新型城镇化、海绵城市等新政策、新理念，需要能源金融贸易区在建设过程中予以落实；西咸新区获批全国第一个以创新城市发展方式为主题的国家级新区，对能源金融贸易区的发展提出了更高要求；国家和陕西省提出了"着力建设丝绸之路经济带重要支点""建设大西北重要能源金融中心"的重要构想，提出"能源金融贸易区未来将打造成为中国向西开放的桥头堡，与欧亚各国能源合作的核心区、金融合作的经贸平台和互联互通的经济激活点，建成关中城市群的核心区、西部能源信息交流平台、丝路经济带能源及矿产资源交易中心和商贸金融经济中心"的重要经济目标，对能源金融贸易区的功能定位、发展目标、空间格局提出了更高要求。

1.1.2   陕西省域层面

从省域层面来看，陕西省越来越重视地下空间的开发建设，从单一的人防工程建设管理到地下空间开发综合利用，明确各地地下空间开发任务，稳步推进城市地下空间的开发建设。

2016 年 6 月，陕西省住房和城乡建设厅等部门联合下发通知，确定西安、延安为该省地下综合管廊建设省级试点城市，宝鸡、铜川为该省海绵城市建设省级试点城市。陕西省 2016 年政府工作报告中提出："全面推进海绵城市和地下综合管廊建设，抓好 2 ~ 3 个市作为试点。"

2017 年 2 月，陕西省印发了《陕西省城市地下空间开发利用"十三五"规划》（简称《规划》），2020 年陕西省将逐步建立与城镇发展相适应、地上地下相协调、科学系统的地下空间开发利用规划建设管理体系，同时，因地制宜地推进地下空间开发利用。该《规划》的制定，将城市地下空间开发利用规划纳入城市总体规划，形成竖向分层、横向连通的立体综合开发利用格局，标志着陕西省地下空间进入高速发展期。《规划》提出，"十三五"期间，西咸新区重点推进综合管廊建设，结合雨污利用、湿地建设、绿廊建设等工作，实现与地面开发的充分衔接；依托地铁建设进行地下空间一体化开发，建造与轨道交通站点相连的地下停车设施，构建区内边界常规的交通体系；加强人流密集地区集交通、商业、娱乐、贮存等多功能于一体的地下地上相连的城市综合体建设。到 2020 年，力争完成人均 4.5m² 的地下空间开发量。

1.1.3   西安及西咸新区层面

《关于进一步加强西安市城市地下空间规划建设管理工作的实施意见》中，提出城市地下开发利用与管理，应按照中共中央、国务院印发的《关于进一步加强城市规划建设管理工作的若干意见》要求，认真贯彻创新、协调、绿色、开放、共享的发展理念，统筹利用地上地下空间资源，加强城市地下空间开发利用管理，提高城市综合承载能力。鼓励地下多层开发，优先发展地下交通、综合管廊等城市基础设施和公共服务设施，鼓励竖向分层、横向连通的立体开发策略。

《西安市城市地下空间规划建设利用三年行动方案》（2017—2019），提出在全市范围内，力争 3 年时间，充分发掘城市地下空间资源，完善公共服务设施和基础设施配套，缓解停车难等突出矛盾，增加城市容量、改善城市环境，初步形成"平战"结合、相互连接的城市地下空间体系。文件提出推动区域地下空间综合利用开发项目，启动包括西咸能源金融贸易区等一批地上地下统筹开发利用项目，充分利用广场、绿地、学校、医院各类场馆等进行地下空间开发，3 年内启动实施 60 个以上示范项目，其中，西咸新区 4 个。

2014 年 2 月，西安市出台了《西安市地下空间开发利用管理办法》（简称《办法》）。2015 年 3 月，出台了《西安市城市地下空间利用体系规划》（简称《规划》）及《西安市主城区地下空间开发利用规划设计导则》（简称《导则》）审议通过。《办法》《规划》《导则》的陆续出台，明确了西安市地下空间开发利用的技术路线、实施机制：在法制化建设方面，提出地下空间纳入城市总体规划；在规划管理方面，明确了地下空间用地施行出让和划拨两种方式，并提出了针对主城区的地下空间规划设计内容及深度。

西咸新区作为国家级创新城市发展方式试验区，毗邻西安市主城区，作为建设现代化大西安新中心的核心功能承载区，地下空间的开发建设尚处于起步阶段。西咸新区在政策上应符合相关政策要求，落实上位要求，对接西安市地下空间的开发利用，协调地上地下空间关系，促进地下空间资源综合开发利用，是践行创新城市发展的重要手段，也是推进建设大西安新中心的重要举措。

能源金融贸易区位于大西安新中心新轴线范围内，规划面积 27km²，其中核心区 5km²。能源金融贸易区作为新中心新轴线四大功能区之一，承担金融服务、商务办公、文化休闲、生态宜居等主导功能。

在《西咸新区丝路经济带能源金融贸易区整体城市设计及核心区详细设计导则》指引下，对西咸新区丝路经济带能源金融贸易区二期 8/9 单元地下空间市政基础设施工程，包含地上、地下道路，综合管廊和直埋管线的整体研究设计，尤其是对该区域地下空间一体化设计，能够很好地拓展城市空间，是缓解城市交通矛盾的有效手段、改善城市生态环境的必要途径，打造西咸新区丝路经济带能源金融贸易区二期 8/9 单元高品质空间，形成生态、共享、集约、高效的商务核心区。

1.2
项目建设必要性分析

1.2.1　建设标高工程，打造城市建设典范

能源金融贸易区是未来全国乃至世界进入西咸新区的重要门户区域，同时，作为西咸新区先期建设的示范区域之一，是展示西咸标准的标杆区域，是西咸新区面向世界的展示窗口。8/9 单元是能源金融贸易区及高端商务办公及商业于一体的综合性功能区，将引领区域发展和功能提升，为西咸新区开发建设积累经验。

因此，确定以本工程为突破点，打造片区建设绿色智能市政基础设施的建设标杆工程，打造城市建设典范的范本。

1.2.2　区域城市开发建设的需要

能源金融贸易区二期 8/9 单元内部已经分地块开始建设，区域内市政道路及管线系统尚未开始修建，基础设施的建设进度已经滞后于地块开发进度。未来区域各地块大范围开工后，施工通行交通量较大、施工期间的临水临电需求量也较大，需要稳定的市政管网保证。因此，需尽快启动开展市政道路、管线及综合管廊的建设，以保障区域开发的交通通行及市政能源需求，为区域投资营商环境创造良好条件。

1.2.3　完善区域市政能源系统供给网络的需要

根据区域各市政专线规划，本项目范围内建有的金融贸易区二期的多条市政管线干线系统，包括陇海 100kV 变电站与上林 110kV 变电站之间的电力联络干线、上林 110kV 变电站送往各地块环网柜的 10kV 供电线、给水及中水 DN600 区域供水干管、区域供热的能源干管等多条干线。这些市政干线对完善 8/9 单元地块及其西部、南部地块的市政系统网络架构具有重要的作用。

1.2.4　形成城市的立体交通体系，打造便捷、安全、高效的城市交通系统

能源金融贸易区二期 8/9 单元作为商务核心单元，商业定位为以服务能源金融贸易

区及周边人群为主，打造集聚人气、吸引人流的泛商业目的地和片区级商圈。商业中心是城市地价的峰值区和交通高可达性地带，在商业中心开发地下空间，不仅可以扩大城市空间容量、提高土地利用效率，而且经济效益最高。同时，结合地下交通、地下综合体的建设，进行人流、车流分离，改善地面环境，能取得更高的社会效益和环境效益。

充分利用土地资源，支撑本单元开发。通过地下环廊的建设，构建立体式的交通系统，可对该区域大体量的开发形成有力支撑，为区域发展创造了更多宝贵空间。这与商务区定位相匹配、与开发强度相适应、与区域发展需要相符合。

城市交通是城市功能中最活跃的因素，是城市和谐发展的最关键问题。由于我国城市化进程化加快，城市人口、车辆激增，而基础设施相对滞后，行车缓慢、交通堵塞的问题在很多城市尤为突出。发达国家的经验表明，只有发展高效率的地下交通，形成四通八达的地下交通网，才能有效地解决城市交通拥挤问题。

通过本项目的建设，结合区域内轨道交通、公共交通、地下道路等一系列立体化的交通系统设计，将有效整合城市空间资源，充分实现各种交通方式之间的优势互补，提高交通系统整体效率，使各种交通方式相互促进、协调发展，创造高效安全便捷的交通系统。同时，充分考虑西咸新区丝路经济带能源金融贸易区二期 8/9 单元与周边区域的交通联系，加快完善城市道路网络系统，提高城市道路网络的连通性和可达性，加快融入大西安交通体系，构筑区域一体化交通网络。

1.2.5　整合区域停车设施资源，缓解地面道路交通压力

随着机动车保有量的不断增长，中心城区 CBD 区域停车问题日益突出，一方面各地块的停车设施利用率存在差异，另一方面进出停车库交通对市政道路的影响较大。为减少对地面交通的影响，地下道路串联各地块地下停车库，能够整合车库资源，提高停车效率。

整合 8/9 单元区域停车设施资源，提高基础设施配套水平。区域的地下车库通过地下交通环廊整合后，车库原有的地面出入口数量可相应减少；同时，在地下交通环廊内设置停车诱导系统，对整个区域的地下车库进行集约化管理，可大大提高区域基础设施的配套水平。

大幅提升地区整体交通服务水平。通过地下交通环廊建设，可增加区域内部的路网容量，可利用环廊在核心区外围出入口分流大部分进出地下车库的小汽车交通，从而减轻地面道路的交通压力。

1.2.6　改善区域生态环境，美化地面景观建设

我国城市的不均衡发展导致城市大气污染严重，绿地面积大量减少，水资源缺乏，

噪声污染严重超标。这些恶劣的生存环境对人们的身心健康造成严重伤害，而开发利用城市地下空间，将部分城市功能转入地下，可以有效地减少大气、噪声、水等污染，还可以节约大量用地。这既减轻了地面的拥挤程度，又为城市绿化提供了大量土地，而绿化面积的增加又有利于空气质量的改善，补充了城市地下水资源。

该项目以地铁枢纽为源动力，通过与周边地下空间整合设计，高效集约利用地下空间，将丰富多彩的城市功能引入地下空间。地下道路和综合管廊等项目建设，让地面回归人类活动和生态自然，支撑并激活整个地区的生命活力，创造出地面满目绿化的规划愿景。

提升环境品质，保护城市风貌。通过设置地下交通环廊，可置换部分地面交通，减轻地面道路的交通压力和缩小道路设施规模，减少地面碳排放量，降低地面机动车噪声，把更多的地面空间留给行人与非机动车，进而达到规划预期的目标。

1.3

研究范围和主要研究内容

1.3.1 研究范围

本项目研究范围为能源金融贸易区 8/9 单元。片区位于现状沣泾大道以西、规划丰产路以南、丰安路以北和贸易路以东所围合的区域，距离西安市中心 17km，距西安咸阳国际机场 11km，用地面积约 75 公顷（图1-2）。

图1-2 项目范围示意

1.3.2 主要研究内容

本工程包括地面道路、地下环隧、综合管廊、南北绿廊及地下空间。

（1）地面道路

建设范围规划 3 条次干路、4 条支路。具体范围为：丰宁路（贸易路—沣泾大道）、丰裕路（贸易路—沣泾大道）、丰登路（贸易路—沣泾大道）、金融三路（丰安路—丰产路）、金融西路（丰安路—丰产路）、金融一路（丰安路—能源一路）、金融东路（丰宁路—丰登路）共7条路的道路、交通、缆线管廊、直埋电力排管、直埋电信排管、直埋给水管、直埋中水管、雨水管、污水管的建设（图1-3）。

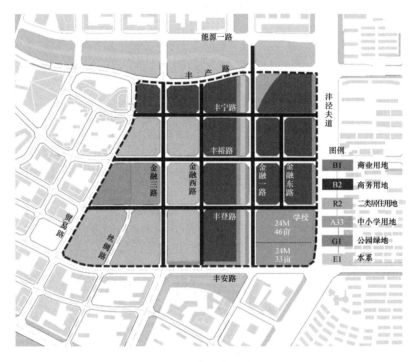

图1-3   地面道路范围

（2）地下环隧

本工程地下环隧工程包括沿金融三路、丰登路、金融东路及丰宁路设置的地下环隧主线，沿沣泾大道、金融三路及丰产路设置的环隧匝道及其附属设施（图1-4）。沣泾大道东侧的环隧匝道口远期随沣泾大道改建一并实施，不在本次工程建设范围内。

（3）综合管廊

本项目综合管廊包括丰登路（金融三路—沣泾大道）、丰宁路（金融三路—沣泾大道）、金融东路及金融三路上设置的综合管廊及入廊的给水管线、中水管线、电力支架、电信支架及槽盒。入廊电力管线、电信管线及热力管线不在本工程范围内，根据管廊专项规划，单独建设综合管廊监控中心。

（4）南北绿廊及地下空间

公共空间下的地下空间综合利用工程，包括地下商业、人防、地面景观的相关建设内容。主要内容包括地下工程方案、设计理念及目标、绿化景观方案总体设计构思与布局等。

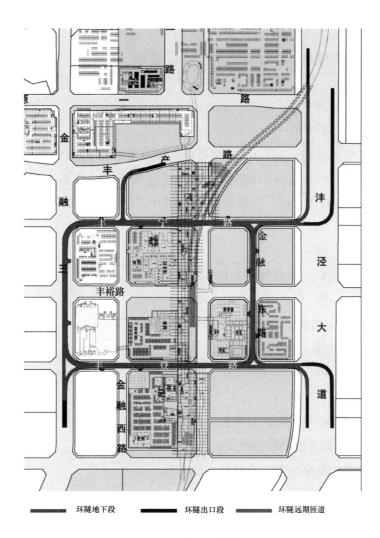

图 1-4 地下环隧范围

1.3.3 技术标准

（1）地面道路工程

① 地面道路等级：城市次干路、城市支路；

② 车道数：双向六车道、双向四车道、双向两车道；

③ 设计速度：次干路 40km/h，城市支路 30km/h；

④ 车行道宽度：3.25m、3.0m；

⑤ 非机动车道宽度：城市次干路 2.5/3.5m，城市支路 2.5m；

⑥ 人行道宽度：城市次干路 3.5m、3.0m，城市支路 4.0m（含 1.5m 设施带）；

⑦ 车行道净高：城市次干路 ≥5.0m，城市支路 ≥4.5m；

⑧ 非机动车道及人行道净高：≥2.5m；

⑨ 路面结构设计使用年限：城市次干路 15 年，城市支路 10 年；

⑩ 路面设计标准轴载：BZZ-100。

（2）地下环隧

① 道路等级：城市支路；

② 设计速度：20km/h；

③ 路面设计标准轴载：BZZ-100；路面结构设计使用年限：15 年；

④ 隧道建筑限界：车道结构净高 4.5m（地下车道，含设备层 1.0m，车行净空 3.5m）。横断面组成最小宽度：行车道宽度 3.25m，路缘带 0.25m；

⑤ 道路横坡：1.5%；

⑥ 环境类别：Ⅱ类；

⑦ 设计荷载：汽车：城-B 级；人群：3.5kPa；

⑧ 安全等级：一级；

⑨ 耐火等级：主体结构耐火极限不小于 2h；

⑩ 防水等级：二级；

⑪ 土抗渗等级：P8。

（3）综合管廊

① 干线综合管廊在相交路口与其他综合管廊互联互通，或者与相交路口直埋管线相连；结合车道出入口设置地块分支口；

② 支线管廊结合车道出入口设置地块分支口；

③ 缆线管廊结合地块需求设置分支口；

④ 综合管廊定测线原则平行于道路定测线；

⑤ 综合管廊最小纵坡为 0.2%，最大纵坡一般情况下不超过 10%；

⑥ 管廊各舱室均设置人员出入口、逃生口、吊装口、进风口、排风口等。露出地面的构筑物按防洪评价要求设防；

⑦ 逃生口结合地块分支口和通风机房设置，电力舱逃生口间距不大于 200m；

⑧ 吊装口间距不大于 400m，结合通风机房设置；

⑨ 电力舱、综合舱合用一个人员出入口，人员出入口间距不大于 2km；

⑩ 管廊穿越风险源处必须采取必要技术措施，满足相关安全要求。

（4）地下空间

① 设计使用年限：50 年；

② 耐火等级：地下室按一级耐火等级设计；

③ 防水等级：地下室防水等级一级；

④ 结构类型：框架结构；

⑤ 抗震设防烈度：8 度。

1.3.4　建设规模

（1）地面道路

地面道路包括次干路、支路共 7 条，总长度为 5617.147m。其中，规划城市次干路 3 条，包括金融三路、金融一路、丰裕路；规划城市支路 4 条，包括丰登路、丰宁路、金融西路、金融东路。

（2）地下环隧

地下道路主线为环形，沿金融三路、丰登路、金融东路、丰宁路布设，单向三车道，沿逆时针方向单向组织交通，主线全长 1680m；主线外围共设置 4 处进出口匝道，金融三路为双向两车道，丰产路、沣泾大道为单向单车道。

（3）综合管廊

本工程综合管廊长度共 2.56km，其中与地下环隧共构段长度为 2.2km，独立管廊长度为 0.33km。共构段综合管廊在丰宁路及丰登路为三舱，金融东路为单舱；金融三路独立段综合管廊在丰宁至丰产路为双舱，在丰登路至丰安路段为三舱；本工程结合电力管线和通信管线，在丰裕路（贸易路—沣泾大道）道路人行道下建设缆线管廊。

（4）地下空间工程

地下空间综合开发面积 5 万 m²，总体开发地下二层，局部为地下三层，丰宁路以北定位科技、商业、地下车库功能；丰宁路到丰登路段围绕能源中心站开发商业配套设施；丰宁路到丰安路段以地下下沉广场形式、文化娱乐功能为主。

（5）道路照明工程

照明工程主要包括地面道路、地下道路的机动车道、非机动车道、人行道的照明系统及智慧控制系统。

（6）道路监控工程

监控系统主要包括市政道路配套的信号控制系统、车辆检测系统、交通视频监视系统、高清电子警察系统、高清卡口系统、交通诱导系统、交通信息发布系统、通信系统等。

（7）市政管线

本工程在规划综合管廊以外路段建设直埋给水管、直埋再生水管、雨水管、污水管、电力排管及通信排管，不含直埋燃气管线及热力管线；在规划管廊路段，建设入廊的给水管、再生水管及电信排管，其他入廊管线不在本工程内。

第 2 章

工程建设条件及相关规划

2.1

区域概况

2.1.1　区域位置

　　规划区位于西咸新区的沣东新城北部，东临太平河，西至沣河，北至渭河，南至科统片区。北距咸阳市中心约 10km，东距西安市中心约 13km，规划建设的地铁 1 号线、16 号线、12 号线、24 号线和 APM 线贯穿片区，交通条件十分优越。

2.1.2　自然环境

　　（1）气候条件

　　本地区属暖温带半湿润大陆性季风气候区，四季冷暖干湿分明，光、热、水资源丰富，全年光照总时数 1983.4h，年平均气温 13.6℃，最热月份为 7 月，平均可达 26.8℃，月绝对最高气温可达 43℃；最冷月份为 1 月，平均气温为 −0.5℃，月绝对最低气温为 −19℃。年平均相对湿度为 74%，冬季相对湿度为 0.2% ~0.3%，为干旱期，9、10 两个月份相对湿度在 1.4% ~1.8%，降水量明显大于蒸发量。

　　区内降水量年际变化大，季节分配不匀，9 月降水量大，冬季相对较少，雨量多集中在 7 ~9 月。历年各月风向以西风为主，平均风速 1.5m/s，最大风速 17m/s。冬季历史上最大积雪厚度为 24cm，历史上最大冻土深度 19cm，无霜期 219 天。

　　（2）地形地貌条件

　　能源金融贸易片区隶属关中平原，地处新生代渭河断陷盆地中部西安凹陷的北侧，地势平坦，土地肥沃，农业灌溉条件优越。太平河、沣河分东西由南向北围绕整个能源金融贸易片区，主要为渭河河谷阶地。

　　（3）河流水系条件

　　西咸新区能源金融贸易区属于水资源丰富的地区，周边主要水系包括东边太平河，流经规划区的东面。地下水资源丰富，水位埋藏浅，有利于河水和降水渗入补给。规划区处于渭河南北两岸阶地地区，属于西安凹陷的北部。新生代以来堆积了巨厚的松散沉积物，地下 300m 以内皆为第四纪松散堆积物，含水岩性为砂、砂砾、卵石和部分黄土。各含水层在垂直方向与弱透水层呈不等厚互层或夹层重叠。尤其是数十米的粗粒相冲积层，蕴藏着丰富的地下水资源。根据地下水的赋存条件和水力特征，分为潜水和承压水两类。

① 潜水的赋存及分布

渭河河漫滩区属强富水区，潜水埋深一般小于10m；渭河一级阶地区为强富水区，潜水埋深一般在10~20m；渭河二级阶地区为较强富水区，从阶地前缘向后缘，富水性逐渐变弱，潜水埋深一般为10~20m；渭河三级阶地区为中等富水区，潜水埋深为30~60m；黄土塬区为极弱富水区，潜水埋深大于60m。

② 潜水动态特征

根据观测资料，潜水位的变化趋势可以分为上升区、下降区和平稳区。下降区主要分布于北部三级阶地区和台塬区，以及西部强开采区、渭河南部地区；上升区分布于旧城区和东部的高漫滩区，由潜水开采量减少所致；平稳区分布于西部和西南部，以及处于上升区和下降区之间的过渡地带。

2.1.3　行政区划和人口情况

规划区隶属于沣东新城，包含多处自然村，规划区内以城市人口为主，人口居住分布于规划区内。依据《沣东新城分区规划（2010—2020）》统计标准及现状人口普查统计，规划区内现状人口约为14.57万人，其中现状居住小区人口为12.60万人、现状村庄人口为1.98万人。

2.2

区域现状

2.2.1 区域土地利用现状

片区处于全面开发阶段，片区现状以待建或农田用地为主，片区周围现有巴塞阳光、北营小区等居住区用地，片区北侧为西咸管委会能源金融贸易区一期，基本建成并投入使用。

（1）片区南部和东部

规划片区位于陇海铁路以北、沣泾大道以西、沣河以东、西宝高铁以南。片区南部为现状农田及陇海铁路现有列车停放库，未来将迁建。片区东部现状建成的为巴塞阳光及渭水园小区。

（2）片区北部及西部

片区北部西咸新区管委会及一期建成的既有项目与本片区隔东西绿廊相望。片区西部为现状农田及荒地。

（3）现状学校

现状已建成用地为阳光城小学，位于沣泾大道—沣明路西北角。学校进出口现状道路在学校北侧，线位与规划丰登路重叠。学校西侧为现有道路，占据规划金融一路东半幅道路（图 2-1）。

a   b

图 2-1 学校现状周边道路

（4）地块现状

片区内多个地块已经启动建设，绿地集团开发的 4 个地块已开始全面建设。其中，2 个居住地块地下室即将建设完毕，2 个商业地块基坑支护已完成 75％，即将开挖。中南、中天地块都已开挖基坑（图 2-2）。

a   b

图 2-2   现状土地利用情况

2.2.2   周边道路交通现状

项目周边交通路网还处于起步发展阶段，东侧紧邻已建沣泾大道，为城市主干道，远期规划立交以提高通行能力。项目只有通过沣泾大道与项目范围以外区域进行联系。现状项目与市区等热点区域通达性一般，周边市政道路交通条件较弱。

区域南侧 2km 和东侧约 1.5km 外有世纪大道和绕城高速 2 条交通主干道，为区域连接西安市区的主要通道。区域周边还有丰镐大道、能源北路、河堤路等城市重要干道，北部已修建成郑西高铁高架桥（图 2-3）。

图 2-3   项目周边主要交通通道示意

2.2.3   市政设施现状

项目周边主要市政设施为位于现状沣泾大道已实施的管线及沣泾大道东侧的 110kV 的变电站；沣泾大道下的市政管线，包括 110kV 10 回（3 根/回）、10kV 36 回、通信双侧 24 孔、给水 DN400、中水 DN400/500、天然气 DN250、热力 DN800X2、污水 DN600、雨水 DN1200。

本区域范围内均为新建项目，无既有市政设施。

2.2.4　项目周边配套条件

项目北侧已建区域行政 4 单元为公共服务单元，主要配套区域行政办公、酒店和商业功能；项目西侧配套区域的居住功能设施，由于中间由沣泾大道穿越，使用不方便；项目南侧配套区域学校（中小学）。

2.2.5　场地环境与工程地质条件

（1）区域地质概况

西安市的地质构造兼跨秦岭地槽褶皱带和华北地台两大单元。距今约 1.3 亿年前燕山运动时期产生横跨境内的秦岭北麓大断裂。自距今约 300 万年前第三纪晚期以来，大断裂以南秦岭地槽褶皱带新构造运动极为活跃，山体北仰南俯剧烈隆升，造就秦岭山脉；与此同时，大断裂以北属于华北地台的渭河断陷持续沉降，一度河湖汇集，形成河湖相冲积淤积，距今约 200 万年前湖面逐渐缩小干涸、河流发育，此后在风积黄土覆盖和渭河冲积的共同作用下形成渭河平原。

场地所属区域西安市位于渭河断陷盆地中段西部，西安凹陷的西南隅。西安凹陷是渭河断陷盆地中的沉积中心之一，周边为 4 条深大断裂带所切围，其东边界为长安—临潼断裂，西为哑柏断裂，南为秦岭山前断裂，北为渭河断裂。本场地距离该 4 条断裂均大于 2km。渭河断陷盆地新地质时期垂直差异运动强烈。根据中国地震局第二形变监测中心的资料，渭河断陷盆地大部分地区以不均匀下沉运动为主，西安凹陷下降明显，第四纪沉积厚度上千米。咸阳以北的乾县—礼泉、富平—蒲城凸起差异上升，1971—1996 年差异升降速率在 0 ~2mm/年。区内构造形迹主要表现为隐伏断裂构造，按其走向可分为 EW 向、NE 向和 NW 向三组。

（2）场地位置及地形、地貌

拟建场地位于咸阳市秦都区沣泾大道（上林路）以西、规划丰产路以南、规划陇海铁路北侧路以北、规划贸易路以东区域，场地整体地形略呈北高南低之势，地面标高介于 380.00 ~384.50m。

地貌单元属渭河高漫滩。

（3）地层岩性及描述

根据工程地质测绘调查、外业钻探、原位测试及室内土工试验结果报告，结合地层时代、成因等综合分析，将场地地层划分为 13 个主层，主要岩土层为第四系全新统人工填土（Q4mL），其下为第四系全新统冲洪积（Q4aL）黄土状粉质黏土、全新统冲洪积砂土和第四系中、上更新统冲积层（Q2-3al）粉质黏土、砂土。

（4）地下水

勘查期间为丰水期，各勘探点均见到地下水，稳定水位埋深为13.50~14.50m，相应的高程介于367.89~368.38m。该地下水为潜水，主要由大气降水及沣河补给。据西安地区有关文献资料，地下水年变化幅度为3.0m。

（5）不良地质作用

根据外业勘探及现场调查，结合地基土的工程特性，场地及附近无其他不良地质作用，适宜建筑。

已查明的地裂缝距离场地较远，可不考虑其对拟建场地的影响。

（6）地质灾害影响分析

拟建场地内无埋藏的河道、沟滨、孤石、溶洞等，亦未发现其他不良地质作用及地质灾害，本拟建场地稳定、适宜建设。

2.3

上位规划解读

2.3.1　片区控制性详细规划

规划目标：以创新城市发展方式为主线，规划为关中城市群核心区和大西安空间结构优化、大西安产业转型升级及文化特色彰显的国际能源金融中心、新丝路总部基地，以及西安新一代中央商务区（CBD）典范区。

功能定位：以金融服务、商务服务及国际贸易为主，积极引导国际金融机构运营总部、国际大型企业西北区域总部、要素交易平台总部、保险机构总部等入驻，打造面向国际的能源信息交流平台、能源交易中心、资源要素中心。

规划结构：以大西安新中心、新轴线为引领，复合空间为核心，形成"一核、多点、三轴、三带、多片、多廊"的规划结构。其中规划片区规划将依托片区发展轴南北侧建筑节点形成商务节点。

规划人口及用地规模：至规划期末规划区居住人口约为 32.71 万人，规划用地总面积为 2709.12 公顷，其中，建设用地为 1848.19 公顷、非建设用地面积为860.93 公顷。

规划片区用地类型：规划片区用地以"商务＋住宅"为主，商务地块容积率在 4.0 以上，住宅地块容积率在 2.5 以上（图 2-4）。

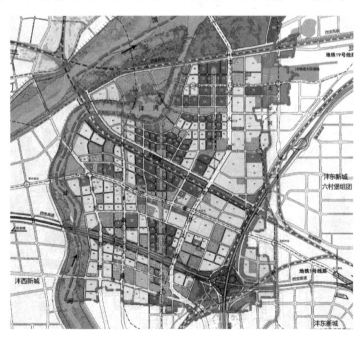

图 2-4　片区控制性详细规划土地利用规划

2.3.2　城市设计及城市设计导则

　　规划片区位于大西安新中心、新轴线能源金融贸易区内，西北临沣河、渭河，南以陇海铁路为界，东接沣泾大道。规划面积8.4km²，距西安市中心17km，距西安咸阳国际机场11km（图2-5、图2-6）。

　　定位：生态绿色框架极具吸引力的都市活力体验，宜人的友好城市、高识别度的国际都市门户。

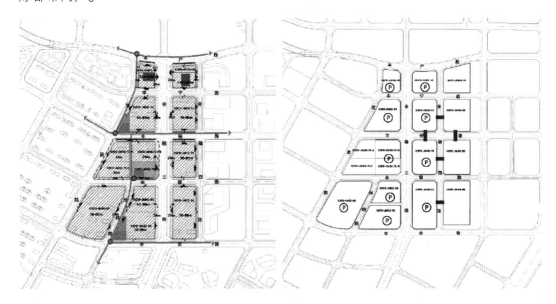

图2-5　城市设计及核心区详细设计导则8单元地下导控

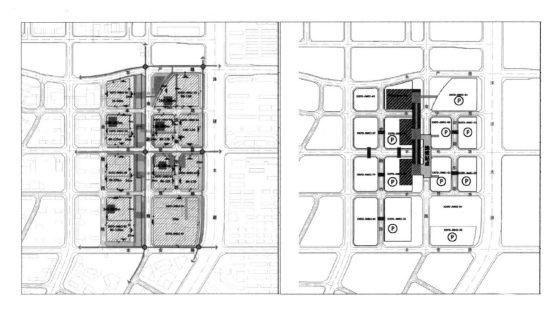

图2-6　城市设计及核心区详细设计导则9单元地下导控

商务区窄路密网、其他片区连片成网，城市道路分为城市快速路、城市主干路、城市次干路和城市支路四个等级，形成方格网状路网结构。

适度增加商务办公区支路网密度。城市道路网总长 107.90km，道路网密度为 6.50km/km^2。

2.3.3　地下空间开发利用专项规划

规划范围与总体规划保持一致，包括西咸新区全域，西起西咸北环线及涝河入渭口，东至包茂高速，北至西咸北环线，南至京昆高速。规划区范围 882km^2，规划城乡总建设用地 360km^2，其中城市建设用地 272km^2（丰东片区 156.08km^2）。

规划目标：规划构建配套完善、功能复合、上下一体、交通便利、生态舒适、管理高效的地下空间体系，打造国际瞩目的、全国知名的、西部示范的世界级新型地下立体城市，成为西部开发开放创新发展地下空间综合开发利用的典范区、西安现代复合型地下空间全面开发的时代标志。

2.3.4　地下综合管廊规划

西咸新区规划综合管廊长度为 419.65km，包括近期建设 140.18km，远期建设 279.46km。其中，空港新城 31.89km，主要沿园区大道及周边区域道路、北辰大道、园区五路和 C-1 路布局；泾河新城 20.09km，主要沿沣泾大道、茶马大道、泾河大道和泾河 CBD 周边布局；秦汉新城 38.433km，主要沿汉高大道中段、汉惠大道北段、汉风二路、汉高大道、张良路、韩信路及兰池四路布局；沣东新城 32.782km，主要沿富裕路、陈之路、复兴大道、沣泾大道南段、车城四路、天台路及阿房东路布局；沣西新城主要布局在秦皇大道西侧、康定路南侧、红光大道北侧及咸户路东侧区域；文教园 3.6km，主要沿中央大街南段布局；能源金贸区 30.86km，主要沿沣泾大道、金融三路、能源三路、金贸大道及陇海铁路北侧路布局。

2.3.5　道路工程专项规划

（1）总体思路

结合能源金融贸易区道路存在的问题及城市布局状况，经过分析论证提出了道路网络布局规划的原则，概括为以下几点。

① 构建一体化城市道路功能划分体系

根据能源金融贸易区城市空间结构及城市功能定位，本次规划道路等级分为五级，分别为快速路、干线性主干路、主干路、城市次干路及支路（图 2-7）。

② 打造城市骨架路网体系，支撑城市空间结构形成

城市骨架路网是能源金融贸易区对外的快速交通走廊，是支撑总体发展和空间结构、承担对外交通快速集散的重要道路，主要承担各新城之间长距离快速交通，以及相邻新城间的中长距离客运交通功能，兼顾交通性和用地服务性。

③ 布局城市主干路网，优化功能片区连接

以主干路串联各功能片区核心，兼顾交通性和用地服务性，承担中长距离交通特别是片区之间的客运交通功能，以公交优先理念引导用地"方格网状"模式发展，支撑各片区空间结构布局，可作为常规公交干线通道。

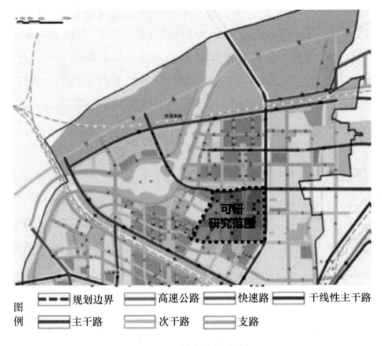

图 2-7 道路等级规划

④ 增加城市路网密度，提高路网运行效率

增加市区道路路网密度，提供更为充足的道路供给，为交通使用者提供更多的路径选择，降低道路敏感度，提高道路通行能力，满足市区日益增长的出行需求。

（2）道路等级划分及功能定位

基本形成"方格网状"的道路网络形态，规划道路等级划分为五级：快速路、干线性主干路、主干路、次干路和支路。

① 快速路：承担各新城之间长距离快速交通功能的主要通道，以交通功能为主。红线宽度按60～220m（高速）控制，设计车速为60～100km/h。

② 干线性主干路：承担新城之间特别是相邻新城间的中长距离客运交通功能，兼顾交通性和用地服务性。红线宽度按24.5～100m（高速辅道）控制，设计车速为60～100km/h。

③ 主干路：承担新城内部各功能片区间交通功能，可作为常规公交干线通道。红线宽度按 30 ~80m 控制，设计车速为 40 ~60km/h；

④ 次干路：承担各功能片区内部交通功能，起集散交通的作用，兼有服务功能。规划红线宽度按 20 ~40m 控制，设计车速为 30 ~50km/h；

⑤ 支路：为联系次干路或供区域内部使用的道路，城市干道系统与小区道路之间交通集散及慢行交通。支路需保证道路单侧停车时双向错车的需要宽度，红线宽度按 16 ~26m 控制，设计车速为 20 ~40km/h。

（3）城市道路骨架规划

规划道路路网结构采用方格网与自由式相结合的方式，形成"三横三纵"的骨架路网系统。

① 三横：尚稷路、西宝高速及辅道、世纪大道。

② 三纵：沣河东路、沣泾大道、绕城高速辅道。

2.3.6　开发实施规划统筹——交通研究专题

（1）总体目标

基于未来新轴线规划，片区将建设成为"现代、时尚、生态、科技、文化、活力"的新型城市中心，围绕能源金融贸易区二期面向未来建设"超级公共街区"的功能定位，创新交通规划理念，积极构筑"公交优先、慢行友好、人车协同、服务智能"的多元化、多层次的交通体系，打造活力街区，全面促进能源金融贸易区二期片区打造成为新轴线未来城市建设的范式。

（2）目标分解

① 公交优先的品质 CBD。积极落实公交优先发展战略，强调内外交通高效运行和优质服务，打造"轨道＋常规公交"高效衔接的多层次公共交通体系，促进片区公共交通快速发展，打造高品质环境。

② 慢行友好的活力 CBD。秉承"以人为本""绿色交通"等发展理念，在公交优先模式下为慢行提供街道空间，提供人群交往的空间，为人流驻足提供活动场所。同时，充分利用轨道站点，打造地面、地上、地下三维一体的多层次慢行网络，提供高可达慢行系统和网络。

③ 人车协同的生态 CBD。街道的主要目的是社交性，而非交通性，转变车行优先的规划思路，限制机动车的发展，但不是排斥其发展，将更多的空间让给行人、自行车及绿化设施，实现机动车、自行车、行人和谐相处。

④ 服务智能的创新 CBD。人类社会的智慧发展，要求城市交通不仅实现技术进步，而且要创造新型服务，因此，需融入人工智能、云计算等手段打造未来交通，创新城市服务模式。

2.3.7　大西安新中心、新轴线综合规划——综合交通专题

（1）目标定位

① 定位与目标一：聚焦国家中心城市新职能，以金融商务、国际贸易为主导功能；打造关中城市群、引领西咸一体化的重要引擎；依托国际空港、高铁港，打造面向国际运输服务的空铁联运系统；积极衔接国家高铁网和区域城际网，打造辐射全国和关中城市群的大西安西部综合枢纽。

② 定位与目标二：支撑发展强化通道，引导大西安"多轴·多中心"格局构建；双快引导，以快速路、轨道交通为核心要素，引导中轴线与大西安一体化交通网络构建；建设比肩世界级的城市中心，打造新型中心区，集中体现现代化大西安新形象的发展新中心。

③ 定位与目标三：强化文化休闲主导功能；建设现代田园城市，以公交道和慢行道为主导，打造绿色交通系统，支撑绿色发展理念。

（2）规划道路方案

① 总体布局

沣东地区形成"三纵十二横"的主干道和方格网状次干道（中轴线北段高密度、网格状；中轴线南段休闲环线）；文教园区形成"三纵三横"主干道和"两纵两横"次干道。

② 地下环线建议

以服务动静态交通一体化为原则，通过设置地下车行道路，作为地下静态交通相互联系及与地面联系的纽带，实现地上地下动态与静态交通的一体化。由于与地下车库相连，导致地下环线交通流运行车速不协调，难以形成连续高效的运行环境。因此，以设置地下停车网络体系的小环线为宜；结合商业地块开发的地下车库设置沟通地下车行环路（图2-8）。

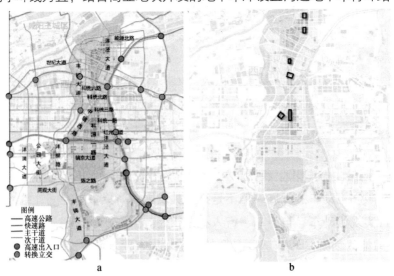

图2-8　本次规划路网总体布局、中轴线地区地下环线设置示意

2.3.8　管线规划

（1）给水规划

能源金融贸易区给水管网呈"四纵五横"的骨架结构。其中，丰产路、丰安路及金融三路给水干管在本项目范围内，均为DN600供水主管道（图2-9）。

（2）中水专项规划

规划能源金融贸易区再生水系统以西咸新区第一污水厂为核心，形成相对独立的供水系统。西咸第一再生水厂沿西宝高铁绿化带向西以一根DN700的管道延伸到沣泾大道。在沿沣泾大道DN600至DN300形成南北向主要输水供水干管，与科统六路DN200、

图 2-9　给水管网规划

丰镐大道DN200、金融三路DN400、能源北路DN400形成供水大环，确保供水安全。

本区域金融三路及沣泾大道干网无骨架，在丰产路、丰裕路、金融一路、丰安路、贸易路规划区域支管，管径均为DN150（图2-10）。

图 2-10　区域中水规划

（3）雨水规划

本项目区域处于能源金融贸易区陇海铁路以北、能源北路以南、沣河以东、沣京大道以西区域的规划雨水分区内。分区雨水干管沿能源三路敷设至沣河，干管总长度为5054m，该区域系统汇水面积378.3公顷，出水经提升泵站排放至沣河（图2-11）。

本项目沿线金融三路规划片区雨水干管，管径 d2800 至 d3500，在其他道路规划布置雨水支管，管径由 d600 至 d1200（图 2-12）。

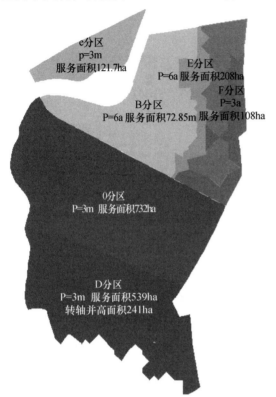

图 2-11　规划雨水分区 　　　　　　　　　　 图 2-12　规划雨水管布局

（4）污水管线规划

本工程项目区域位于能源金融贸易区的能源北路、沣泾大道、陇海铁路、沣河所围合区域的排水分区内。污水干管起自沣河河堤路，沿陇海铁路北侧路自西向东至沣镐二路折向北，沿沣镐二路自南向北至丰安路折向东，沿丰安路自西向东至金融三路折向北至能源北路，沿能源北路自西向东，最终在尚航七路向北穿越西宝高铁排入西咸一污进水主管，最终排入西咸一污（图 2-13）。

（5）电力专项规划

根据能源金融贸易区电力专项规划，考虑到远期建设用地开发情况及现状

图 2-13　规划污水干管布局

110kV 线路改迁状况，远期能源金融贸易区 110kV 及以上线路地埋接线、金融三路及丰安路规划 110kV 电力线路，如图 2-14 所示。

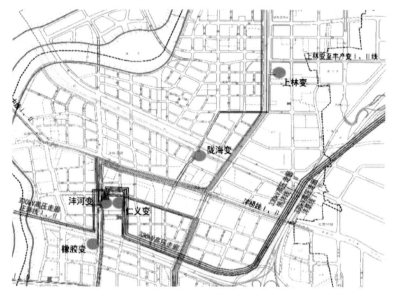

图 2-14　110kV 及以上电网地埋接线

根据预测电力需求，在区域各条道路上布置 10kV 中压电力管线，其中，丰安路、丰产路、丰裕路、金融三路为 24 孔、36 孔干线系统（图 2-15）。

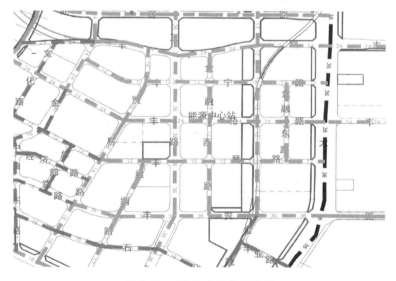

图 2-15　10kV 电网地埋接线

（6）电信管线规划

区域电信管路规划分为 24K、18K、12K3 类不同等级，其中，丰产路及金融三路为区域通信管线管道，其余道路为通信支线管道（图 2-16）。

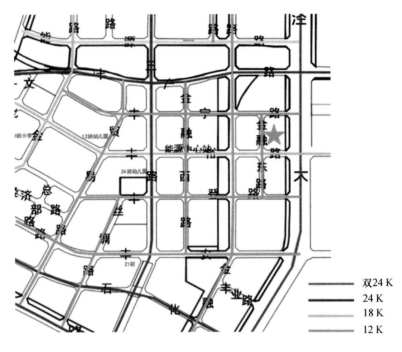

图 2-16 电信管道规划

（7）燃气管线规划

根据燃气规划，区域燃气接自铁路北侧路及能源一路现有中压燃气管线，主要沿贸易路、金融三路、金融一路敷设新建燃气管线（图 2-17）。

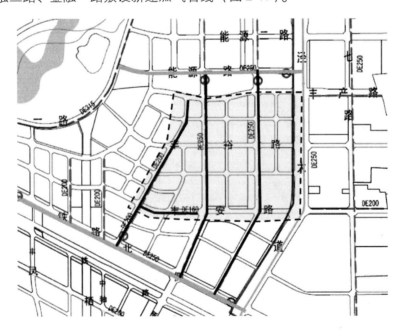

图 2-17 燃气系统规划

（8）综合管廊规划

根据市政管网体系规划，同时结合地下环廊布局，打造以综合管廊为骨架的区域市政管线系统。沿丰宁路、丰登路、金融三路、金融东路，与地下隧道共构设置干支型综合管廊，无地下环路段采用独立的直埋综合管廊。除已设置管廊的路段外，其他路段管线采用直埋管线形式（图2-18）。

另外，在丰登路南侧的绿廊地下空间范围内设置综合管廊及地下环路的监控中心。

图 2-18　规划管廊布局

第 3 章

交通分析与预测

3.1
现状交通调查

3.1.1 交通设施基本情况调查

　　针对项目规划范围内及周边发展现状进行全面调查和梳理，包括土地利用情况、交通设施布局、交通运行情况等，对调查节点、道路断面进行拍照记录。采用现场踏勘调研的方法，对现状的土地利用情况、交通设施的位置、规模、功能等信息进行收集，并梳理其与未来发展的关系。

　　由于片区处于建设初期阶段，道路及其他基础配套设施尚较薄弱，片区现仅有一条沣泾大道实现内外联系，路网系统不完善。片区周边已建成 2 个公交场站：西咸大厦西侧公交场站、上林路临时公交场站。

　　项目内部和周边的道路设施、公交设施、停车设施及慢行交通设施调查的点位如图3-1 所示。

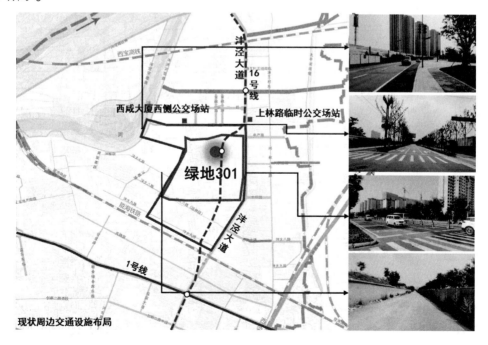

图 3-1　现状周边交通设施布局

3.1.2 交通与运行状况调查

选取工作日晚高峰，对区域周边道路、跨片区通道和边界道路交叉口的交通运行情况进行了调查与复核。其中包括两类交通量调查，跨片区进出通道交通量调查和区域内部交叉口流量调查（图3-2）。

调查点周边交通调查数据，如表3-1所示。

现场调查发现，由于区域开发尚处于初步阶段，基于开发地块产生的交通需求尚未形成，区域交通主要以周边居民、西咸新区管委会工作人员及到访客流车辆为主。晚高峰时段区域周边各种交通出行方式主要依靠小汽车，具体流量如图3-3所示。

结合高峰调查数据，对道路、交叉口的服务水平进行分析可知：片区交通运行服务水平好，路段服务水平达到 B 级以上，交通运行顺畅。各交叉口

图3-2 交通设施与运行调查点位选取

服务水平基本处于 B 级以上，进出沣泾大道的流量总体较少，服务良好。

表3-1 周边道路现状交通流量

路名	双向流量（pcu/h）	饱和度
沣泾大道	2520	0.48
沣新路	576	0.22
沣太八路	1135	0.41

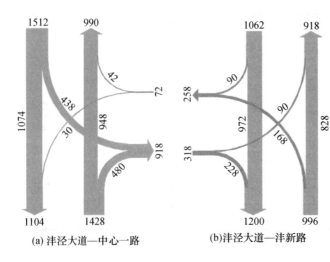

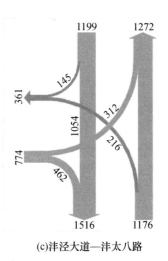

(a)沣泾大道—中心一路　　(b)沣泾大道—沣新路　　(c)沣泾大道—沣太八路

图3-3 各道路交通量

3.1.3 现状特征与问题总结

从能源金融贸易区二期发展现状可以看出，处于全面开发阶段的土地利用和交通设施及运行状况等方面具有明显的特征和问题。

土地利用方面，由于项目所在地基本属于待建设阶段，已建用地仅有一所小学，其余均未建设，土地开发呈现"低强度、待开发"特点；

在道路网络方面，虽然有沣泾大道、世纪大道等对外骨架通道，但区域联系的交通通道有待进一步增加，同时内部路网尚待建设，现状路网密度较低；

已有道路在精细化及安全设计方面有所欠缺，部分道路"机非"混行，安全性有待提升；此外停车设施也尚未形成体系；

常规公交线路已实现与各个方向及机场、西安北客站、西安主城区、咸阳市区等片区的联系，未来可结合客流发展进一步增加联系线路；

交通运行方面，交通流量虽然主要集中在沣泾大道上，然而沣泾大道高峰时期交通运行状况除设计区内大道与沣泾大道交叉口较为拥堵外，其他路口运行状况良好，路段和交叉口的服务水平较为良好。

3.2

交通预测

3.2.1　总体思路

目前使用交通需求预测的模型有很多种，包括"四阶段模型""基于出行链模型""基于活动模型"等。本次规划采用成熟的交通分析四阶段模型，按照"出行生成→出行分布→方式划分→交通分配"四步骤进行交通建模，用于交通需求预测和分析（图3-4）。

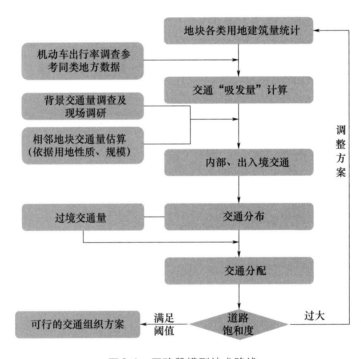

图3-4　四阶段模型技术路线

3.2.2　交通分区原则

交通小区主要以城市道路、主要自然地理分界线（如河流、湖泊）等为边界。交通小区的划分遵循以下原则。

① 交通小区划分与城市行政区划相一致;

② 交通小区划分与轨道线网和站点布局相协调;

③ 交通小区划分与城市形态发展相一致;

④ 交通小区划分与路网布局相一致;

⑤ 交通小区划分与自然隔阂（如河流、高速公路、铁路等）相协调。

3.2.3　交通小区划分

（1）交通预测范围

由于本次规划范围区域较小，仅对本区域进行交通需求预测将难以掌握周边地块对本区域的影响。因此，借鉴《建设项目交通影响评价技术标准》（CJJ/T 141—2010）中评价范围规定和本规划片区现状道路实际情况，将需求预测模型的评价范围扩大至整个能源金融贸易区北部，即北至能源北路、南至陇海铁路、东至尚航五路。

（2）交通小区

根据西咸新区所在区域区位、规划片区进出交通调查、路网规划等情况，细化形成交通需求分析的外部小区共 5 个，分别为西安市主城区、西安市高新区、沣东新城、咸阳主城区、空港新城 5 个方向;内部小区 63 个（图3-5）。

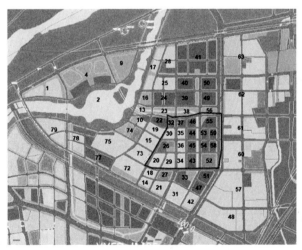

图 3-5　交通小区

3.2.4　出行"吸发量"预测

　　预测交通产生及出行吸引量，以项目的建设规模和建筑的不同性质构成为基础，以西安市及同类型城市不同土地利用性质、机动车出行率调查的数据为依据。同时根据研究范围内控规的土地利用状况，确定规划区域各小区的出行生成量，预测结果如图3-6所示。

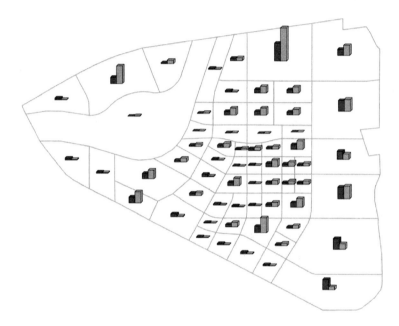

图3-6　高峰小时流量分布

3.2.5　出行方向分析

　　出行分布模型描述各个交通小区之间交通量及内部出行量的关系。出行分布模型一般有两种类型：增长系数法和重力模型法。与增长系数法相比，重力模型法引入了交通小区阻抗，既可以反映土地使用的变化对出行分布的影响，也可以反映交通设施的变化对出行分布的影响。

　　能源金融贸易区北部作为大西安新中心、新轴线重要片区，以及全面开发的快速发展片区，未来土地利用发展变化较大。因此，分布模型采用重力模型法。出行分布模型各小区间的出行阻抗取各个方式的加权阻抗，以此确定未来片区的交通分布情况（图3-7、图3 –8）。

　　① 未来规划片区发展迅速，居民出行总量快速增长，对外联系紧密；

　　② 与西安市、沣东沣西间的联系较强，占对外出行总量的65％左右，与咸阳方向

的联系较弱；

③ 对外出行与内部出行比例为 6 : 4，作为未来沣东地区的核心商圈，对西安和沣东地区具有较强的吸引力；

④ 内部出行以跨区为主，规划片区出行量较少。

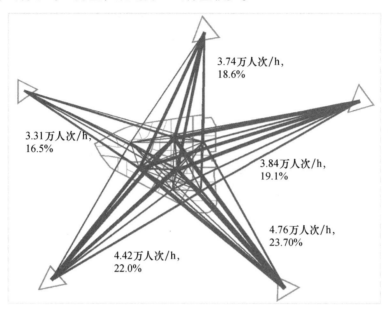

图 3-7　对外出行分布

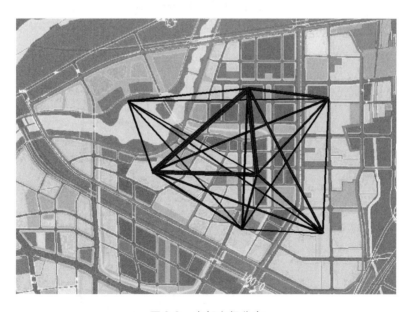

图 3-8　内部出行分布

3.2.6　交通方式划分

片区内部出行平均出行距离为 1.5km，机动车平均出行距离为 2km，结合项目规划目标，主要以绿色出行为主，绿色交通分担率达到80％以上，公共交通占机动化出行达40％以上。片区交通出行方式如表3-2所示。

表3-2　片区交通出行方式

情景		步行	自行车（电动车）	常规公交	轨道交通	小汽车
系统平衡发展	对外	1%～2%	10%～15%	20%～25%	20%～25%	35%～40%
	内部	25%～30%	20%～25%	15%～20%	10%～15%	20%～25%
公交优先发展	对外	1%～3%	10%～15%	25%～30%	25%～30%	30%～35%
	内部	25%～30%	20%～25%	20%～25%	15%～20%	15%～20%
绿色交通发展	对外	1%～3%	10%～15%	30%～35%	30%～35%	20%～25%
	内部	25%～30%	25%～30%	25%～30%	15%～20%	10%～15%

3.2.7　地面道路预测结果

在完成各交通小区的 OD 分布量预测后，将得到的小汽车和共享汽车出行矩阵进行叠加，并利用交通规划软件对路网进行交通流量分配。小汽车和共享汽车早、晚高峰路网交通流量及承载能力如图3-9所示。

图3-9　路网交通流量及承载能力

3.2.8　地下道路预测结果

　　本工程按照上位规划分配的地上地下交通分配比例各 50％，对地下环隧内小汽车和共享汽车出行矩阵进行叠加，考虑环隧内部连接地块的停车库车位数，进行小汽车和共享汽车交通流量测算，得到地下环隧早、晚高峰的交通流量及承载能力如图 3-10 所示。

　　根据上位规划要求，由于环隧东侧匝道穿越沣泾大道近期实施对交通影响过大，因此，将东侧匝道安排在远期，随沣泾大道远期按规划断面实施改造一并建设。

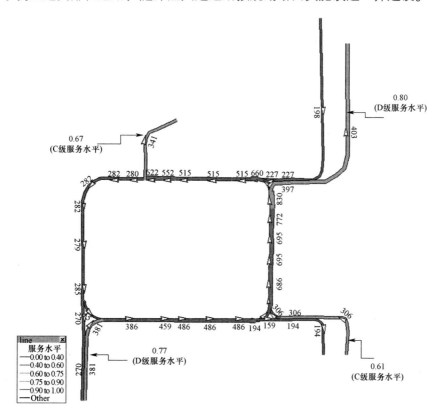

图 3-10　地下环隧交通流量及承载能力

第 4 章

地面道路工程

4.1

概　述

　　本工程项目总用地面积约 75 公顷，市政道路总长度 5617.147m。其中，金融三路为次干路，红线宽度 45m，南起丰安路，北至丰产路，总长度共 771.211m；金融一路为次干路，红线宽度 30m，南起丰安路，北至能源一路，总长度共 956.819m；金融西路为支路，红线宽度 20m，南起丰安路，北至丰产路，总长度共 783.637m；金融东路为支路，红线宽度 20m，南起丰登路，北至丰宁路，总长度共 375.376m；丰宁路为支路，红线宽度 20m，西起贸易路，东至沣泾大道，总长度共 813.463m；丰裕路为次干路，红线宽度 30m，西起贸易路，东至沣泾大道，总长度共 904.093m；丰登路为支路，红线宽度 20m，西起贸易路，东至沣泾大道，总长度共 1012.548m（图 4-1）。

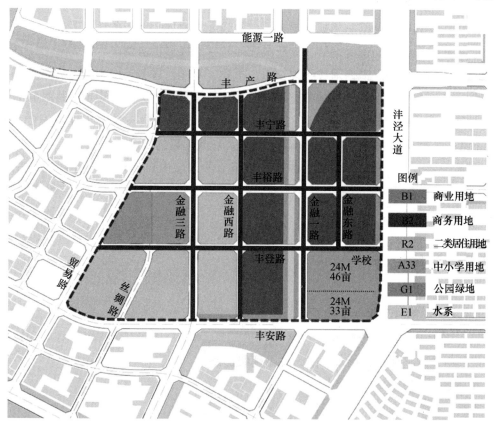

图 4-1　项目范围示意

4.2
总体设计方案

4.2.1 设计原则

坚持以人民为中心，以"绿色出行、文化传承、韧性预留、包容复合、低碳智能"作为片区先行实践的规划原则。体现安全适用、服务社会、整体协调、经济美观、自然和谐、生态环保等理念，结合本项目特点，精心做好总体设计。

① 尊重规划，落实规划，保证片区各项规划落地，与西咸新区总体规划目标相一致。

② 综合协调、统筹考虑片区市政道路、综合管网、燃气、供热等管线相互关系，保证各项基础设施空间布设合理可行。

③ 路线设计符合路网总体规划要求，与沿线地块规划、地形条件相适应。

④ 平面线形设计均衡、连续，纵断面线形与平面线形相协调。

⑤ 道路横断面满足道路沿线各种交通、市政、绿化、服务等设施布设需要。

⑥ 充分考虑本项目与外部连接道路、道路及轨道交通的关系，满足道路服务功能。

⑦ 统筹考虑综合管廊、地下环隧规划与设计，积极协调与其他工程建设的关系，使地下管网、相交道路等总体系统协调、配套，形成完整的综合体系。

⑧ 重视生态建设和环境保护工作，对道路沿线区域内自然地貌、植被等生态环境进行有效保护，重视水土保持和生态景观设计，防止污染水源和水土流失，使道路与周围环境景观和谐统一。

4.2.2 总体设计

4.2.2.1 设计标准

（1）道路等级及设计速度

规划市政道路体系包括次干路、支路两级道路。

次干路——设计速度：40km/h；

支路——设计速度：30km/h。

（2）车道宽度

车道宽度如表4-1所示。

表 4-1 车道宽度

项目		规范值	采用值	规范值	采用值
道路等级		次干路		支路	
设计速度（km/h）		40		30	
小客车专用道宽度（m）		3.25	3.25	3.25	3.25
大型车或混行车道宽度（m）		3.5	3.5	—	—
路缘带宽度（m）	中间带	0.25	0.25	0.25	0.25
	两侧带	0.25	0.25	0.25	0.25

（3）人行道和非机动车道宽度

人行道最小宽度≥2.0m，非机动车道最小宽度≥2.5m。

（4）净空高度

通行机动车的各级道路最小净高 4.5m，非机动车道和人行道最小净高 2.5m。

（5）道路横坡

直线路拱、机动车道路拱横坡度为 1.5%；机非混行中非机动车道的横坡度与机动车道保持一致，专用非机动车道路拱横坡度为 1.5%，人非共板中非机动车道路拱横坡度为 2%；人行道路拱横坡度为 2%。

（6）路面设计荷载

BZZ-100 标准轴载。

（7）设计年限

道路交通量达到饱和状态时的道路设计年限：主干路为 20 年，次干路为 15 年，支路为 10~15 年。

路面结构设计使用年限：路面均采用沥青混凝土路面，主干路、次干路路面结构设计使用年限均采用 15 年，支路路面结构设计使用年限均采用 10 年。

（8）抗震设防烈度

抗震设防烈度为 8 度，地震动峰值加速度为 0.20g。

4.2.2.2 工程规模

本次市政工程设计范围主要为 8、9 单元内市政道路项目建设方案，工程主要涉及该片区的 7 条地面市政道路。其中，规划城市次干路 3 条，城市次干路主要承担组团内中距离出行功能；规划城市支路 4 条，城市支路主要承担控制单元内部短距离出行需求，是干路网的集散车道。

4.2.2.3 横断面方案

（1）45.0m 标准横断面图（金融三路）

本次设计横断面布置如下：2.0m 人行道 +1.5m 设施带 +3.5m 非机动车道 +2.5m 侧分带 +11.0m 机动车道（0.25m 路缘带 +3×3.5m 车行道 +0.25m 路缘

带）+4.0m 中央分隔带 +11.0m 机动车道 +2.5m 侧分带 +3.5m 非机动车道 +
1.5m 设施带 +2.0m 人行道 =45.0m（图4-2）。

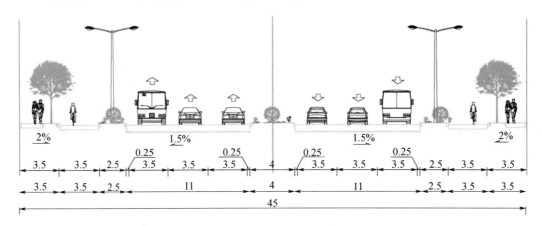

图4-2　45.0m 设计道路横断面示意

（2）30m 标准横断面图（金融一路、丰裕路）

设计横断面布置如下：3.0m 人行道 +2.5m 非机动车道 +2.0m 侧分带 +15.0m
机动车道（0.5m 路缘带 +3.5m 车行道 +3.25m 车行道 +0.5m 双黄线 +3.25m 车行
道 +3.5m 车行道 +0.5m 路缘带）+2.0m 侧分带 +2.5m 非机动车道 +3.0m 人行道 =
30.0m（图4-3）。

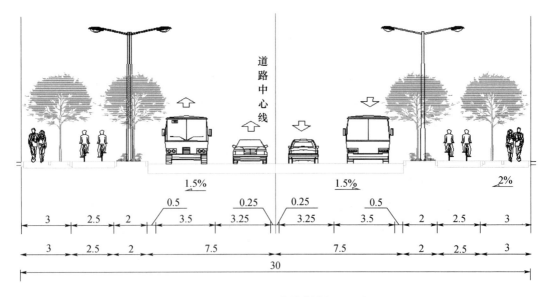

图4-3　30.0m 设计道路横断面示意

（3）20m 标准横断面图（金融西路、金融东路、丰宁路、丰登路）

本次设计采用规划断面布置形式，如图4-4 所示。

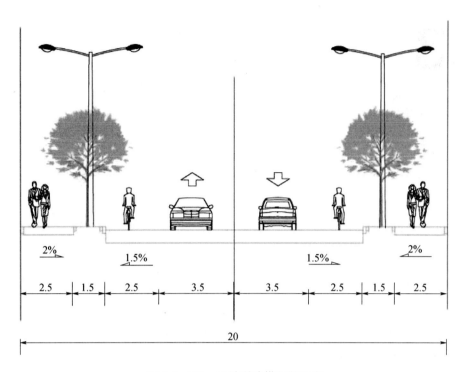

图 4-4　20m 设计道路横断面示意

4.3
道路工程

4.3.1 平面设计

4.3.1.1 设计原则

道路平面位置，以上位规划为指导，并进行优化研究。

① 符合规划条件、在规划红线范围内布设。

② 平纵结合，注意地形、地物、景观、视觉互相协调，在满足汽车运动学和力学要求的基础上，充分考虑驾驶人员的视觉和心理要求。

③ 充分考虑慢行系统的要求。

④ 体现公交优先的原则，有条件的地方充分考虑设置公交港湾。

⑤ 符合交通特点、满足交通功能和沿线交通需求。

⑥ 充分考虑景观绿化及海绵城市的要求。

⑦ 道路平面线形应与地形、地质、水文等结合，在设计规范的基础上合理调整出适合当地的设计标准。

⑧ 道路定线以规划线位为依据，经复核各条道路平面线形指标，满足现行规范对道路平曲线长度及半径的要求，根据次干路 40km/h、支路 30km/h 的指标进行平面线形设计。

⑨ 根据道路等级合理设置交叉口、沿线建筑物出入口、停车场出入口、分隔带断口、公共交通停靠站位置等。

⑩ 渠化原则为次干路与次干路相交路口设置进口渠化段。压缩中分带和侧分带的宽度，渠化车道宽度为 3m，渠化过渡段为 30m，渠化展宽段为 50m。考虑到窄路网结构布置，本次对次干路与支路、支路与支路交叉口不进行渠化设计。

4.3.1.2 平面设计

（1）丰宁路

道路规划为支路，线路为东西走向，西起点与贸易路相交，沿线与金融三路、金融西路、金融一路、金融东路相交，东端终点与沣泾大道相交，全长 813.463m，双向两车道，单幅路，红线宽度 20m。

（2）丰裕路

道路规划为支路，线路为东西走向，西起点与贸易路相交，沿线与金融三路、金融西路、金融一路、金融东路相交，东端终点与沣泾大道相交，全长904.093m，双向四车道，三幅路，红线宽度30m。

（3）丰登路

道路规划为支路，线路为东西走向，西起点与贸易路相交，沿线与丝绸路、金融三路、金融西路、金融一路、金融东路相交，东端终点与沣泾大道相交，道路全长112.548m，双向两车道，单幅路，红线宽度20m。

（4）金融三路

道路规划为次干路，线路为南北走向，南起金融三路与丰安路交叉口北口，沿线与丰登路、丰裕路、丰宁路相交，北至丰产路交叉口南口，道路全长771.211m。为双向六车道，四幅路，红线宽度45m。在丰登路与丰安路之间路中设置一个地下环隧出入口，双向两车道，敞开段结构宽度为12m。取消侧分带设置机非隔离护栏。

（5）金融西路

道路规划为支路，线路为南北走向，南起点与丰安路相交，沿线与丰登路、丰裕路、丰宁路相交，北端终点与丰产路相交，道路全长783.637m，双向两车道，单幅路，红线宽度20m。

（6）金融一路

道路规划为次干路，线路为南北走向，南起丰安路交叉口北口，沿线与丰登路、丰裕路、丰宁路、丰产路相交，北端终点与现状能源一路南口相接，道路全长956.819m，双向四车道，三幅路，红线宽度30m。在起点处圆曲线半径小于250m，需要对车行道进行加宽设计，并设置超高。由于两侧地块都已经出让，且圆曲线位于交叉口范围，圆曲线段可不进行加宽设计，渐变段可采用局部压缩侧分带及设施带宽度的办法满足其要求。

（7）金融东路

道路规划为支路，线路为南北走向，南起丰登路，北至丰宁路，道路全长375.376m，与丰裕路相交，双向两车道，单幅路，红线宽度20m。

4.3.2　纵断面设计

4.3.2.1　设计原则

① 纵断面设计满足规范相关等级道路技术标准，如纵坡度、坡长、竖曲线半径、竖曲线长度等。

② 充分结合自然地形高程，兼顾待开发用地的场坪标高，保护生态环境，与环境相协调。

③ 为保证行车安全、舒适，纵坡宜缓顺，起伏不宜频繁。

④ 纵断面设计能够满足城市防洪功能要求。

⑤ 纵断面设计与市政管径设计通盘考虑，能够满足道路良好的排水功能要求。

⑥ 尽量避免大填大挖，尽可能地减少土石方工程量。

⑦ 满足相关设施及管线埋设要求。

⑧ 地面道路纵断面设计以规划道路路网竖向规划为主要依据，道路设计高程以规划高程为基准上下浮动。最小纵坡不小于 0.3%，满足排水要求。交叉口设计范围内的道路纵坡不大于 2.5%。

⑨ 纵断面设计综合考虑地下综合管廊、地铁 16 号线及地下环隧等地下市政工程的协调工作。

4.3.2.2　纵断面设计

根据规划竖向资料，该区域规划控制竖向为北高南低。最大高程为 383.35m，最低高程为 381.317m。

根据沿线主要交叉口规划控制高程，本工程道路最大纵坡为 0.9%，最小纵坡为 0.3%，竖曲线各项指标均完全满足规范要求。

4.3.3　横断面设计

4.3.3.1　设计原则

① 遵从规划条件，结合道路等级和功能定位及周边地块建筑生态，因地制宜，在规划红线内合理布置横断面，充分利用空间。

② 考虑不同发展阶段的交通需求，以及与其他组团的连接转换，保证横断面设计的兼容性与一致性，通过个别交叉口实现功能转换。

③ 横断面空间分配中，充分向公共交通、慢行交通、景观绿化倾斜，保障公共交通优先原则和出行效率，合理设置公交站台。

④ 满足管线和综合管廊等相关设施的建设条件。

⑤ 地下环隧出入口段、道路加宽及渠化段局部优化断面布置。

4.3.3.2　横断面设计

（1）45.0m 标准横断面图（金融三路）

设计横断面布置如下：2.0m 人行道 +1.5m 设施带 +3.5m 非机动车道 +2.5m 侧分带 +11.0m 机动车道（0.25m 路缘带 +3×3.5m 车行道 +0.25m 路缘带）+4.0m 中央分隔带 +11.0m 机动车道（0.25m 路缘带 +3×3.5m 车行道 +0.25m 路缘带）+2.5m 侧分带 +3.5m 非机动车道 +1.5m 设施带 +2.0m 人行道 = 45.0m（图 4-5）。

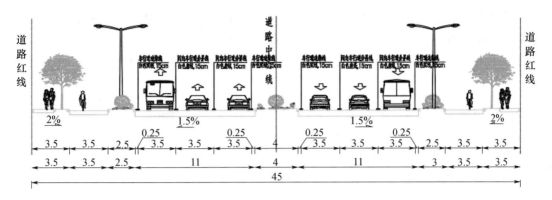

图 4-5　45.0m 设计道路横断面示意

（2）30.0m 标准横断面图（金融一路、丰裕路）

设计横断面布置如下：3.0m 人行道 +2.5m 非机动车道 +2.0m 侧分带 +15.0m 机动车道（0.25m 路缘带 +3.5m 车行道 +3.25m 车行道 +1.0m 护栏 +3.25m 车行道 +3.5m 车行道 +0.25m 路缘带） +2.0m 侧分带 +2.5m 非机动车道 +3.0m 人行道 =30.0m（图 4-6）。

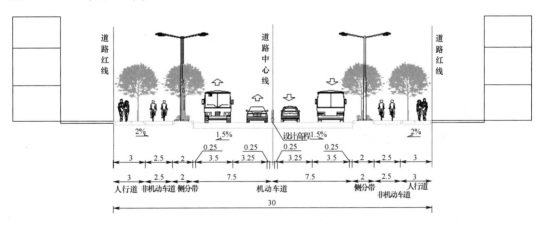

图 4-6　30.0m 设计道路横断面示意

（3）20.0m 标准横断面图（金融西路、金融东路、丰宁路、丰登路）

设计横断面布置如下：4.0m 人行道 +2.5m 非机动车道 +7.0m 机动车道（3.5m 车行道 +3.5m 车行道） +2.5m 非机动车道 +4.0m 人行道 =20.0m（图 4-7）。

4.3.4　平面交叉设计

结合本项目实际情况，采用"窄路密网"的路网布局形式，交叉口间距较小，最小间距约 150m。次干路为双向四至六车道，支路为双向两车道，仅在次干路与次干路交叉口进行渠化，其他平面交叉口不再进行渠化。展宽段长度 50m，渐变段长度 30m。

平面交叉口进口道的纵坡度不宜大于 2.5%。平面交叉口道路红线切角、路缘石半径按控规要求执行。

根据道路功能及交通特点，本次所有平面交叉口全部采用灯控交通组织形式。

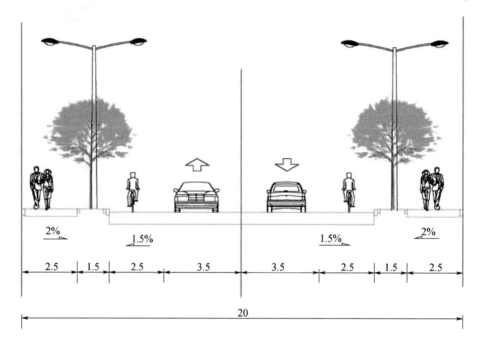

图 4-7　20.0m 设计道路横断面示意

4.3.5　路面结构设计

4.3.5.1　设计原则

① 根据道路等级及其使用功能确定道路的路面结构；

② 路面应满足长寿命的使用要求；

③ 采用环保、生态型的路面铺装材料。

4.3.5.2　路面结构组合

本次路面结构计算以双圆垂直均布荷载下的多层弹性连续体系理论为基础，以路表设计弯沉值作为路面整体刚度的设计指标，计算路面结构厚度，并对沥青混凝土面层和半刚性材料的基层、底基层进行层底拉应力的验算，采用电算程序进行辅助设计。

机动车道路面结构采用沥青混凝土路面，设计标准轴载为 BZZ-100，路面结构设计使用年限次干路为 15 年，支路为 10 年。机动车道交通等级按重交通控制。

（1）机动车道

上面层：4cm 细粒式 SBS 改性沥青混凝土（AC-13）；

黏层油：乳化沥青（PC-3，0.3kg/m²）；

下面层：8cm 中粒式沥青混凝土（AC-25）；

下封层：1cm 单层式沥青表面处置；

透层油：乳化沥青（PC-2，0.7kg/m²）；

基层：36cm 水泥稳定碎石；

底基层：20cm 低剂量水泥稳定碎石底基层；

总厚度为 69cm。

（2）非机动车道

抗滑磨耗层：0.3cm 厚水性聚合物彩色罩面；

上面层：4cm 细粒式沥青混凝土（AC-13）；

黏层油：乳化沥青（PC-3，0.3kg/m²）；

下面层：6cm 中粒式沥青混凝土（AC-20）；

下封层：1cm 单层式沥青表面处置；

透层油：乳化沥青（PC-2，0.7kg/m²）；

基层：18cm 水泥稳定碎石；

底基层：20cm 低剂量水泥稳定碎石底基层；

总厚度为 49.3cm。

（3）人行道

面层：6cm 石材步道砖；

调平层：2cm M10 水泥砂浆；

基层：10cm C20 水泥混凝土；

底基层：15cm 低剂量水泥稳定碎石底基层；

总厚度为 33cm。

（4）与现状沣泾大道搭接

工程终点处与现状沣泾大道相接，现状沣泾大道未对本次设计道路进行交叉口预留，本次设计需拆除现状沣泾大道人行道（含绿化带）、非机动车道及两侧分隔带，并恢复本次设计机动车道路面结构，接入现状沣泾大道机动车道边线。新建路面与现状道路衔接处应采用阶梯状搭接。

（5）技术指标

交叉口两侧各 100m 范围和公交站台范围内的行车道沥青路面中面层掺抗车辙剂。水泥稳定碎石基层 7 d，无侧限抗压强度按 3.5～4.5MPa（振动成型）控制；低剂量水泥稳定碎石 7 d，无侧限抗压强度≥2.0MPa，推荐采用骨架密实型级配。

人行道芝麻黑火烧面花岗岩饱和抗压强度≥80MPa，饱和抗折强度≥9MPa。人行道花岗岩盲道砖饱和抗压强度≥80MPa，饱和抗折强度≥9MPa。人行道车止石采用芝麻白花岗岩制作，石材饱和抗压强度≥100MPa，饱和抗折强度≥9MPa，防滑等级为

R3，相应防滑性能指标 BPN≥65。

4.3.6 路基设计

（1）路基填料选择及来源

路基填料不得使用淤泥、沼泽土、有机土、含草皮土、生活垃圾、树根和含有腐朽物质的土；液限大于50%、塑性指数大于26的细粒土，不得直接作为路基填料。

填料优先考虑利用本片区地下空间开挖的土方，不足部分外购。

（2）路基材料及压实度

对机动车道路床顶面以下60cm范围内采用原状土添加3%水泥后分层回填压实，以确保路基强度及稳定性。非机动车道路床顶面以下20cm采用原状土添加3%水泥后回填压实。人行道范围内路基不进行处理，采用素土分层回填压实。

路基回填时必须分层回填、分层压实，不得采用大型机械推土超厚压实法压实。路基压实度采用重型压实标准，路基必须做到密实、均匀、稳定，有一定的强度。路基设计应经济、耐用、因地制宜。道路路基应分层铺筑、均匀压实。路基压实度必须达到《城市道路工程设计规范》（CJJ 37—2012）12.2.4条规定的压实标准。

（3）一般路基设计

本工程为新建工程，参考周边区域道路及地块的勘察报告，以及西咸新区当地较为成熟的处理措施。本次对路基设计如下，后期根据本工程地勘成果进行优化。

一般路段路基填筑前，原地面上杂草、树根、农作物残根、腐殖土、垃圾等必须全部清除，平均厚度一般为30cm。

填方路基处理：清表后进行填前压实，含水量过高的路段需先在路基两侧挖边沟排水，以降低土的含水量，进行翻松、晾晒或掺水泥处理。

零填方及挖方路段：反挖至机动车道上路床底面沟底，然后采用60cm原状土添加3%水泥后分层回填压实填筑至路床顶面。

（4）特殊路基处理

根据周边地勘报告，本次取不扰动土样的室内试验测试结果，各土样的自重湿陷系数均小于0.015，结合场地周边资料综合判定，拟建场地为非自重湿陷性黄土场地。根据室内土工试验结果，拟建场地黄土状粉质黏土②层中的粉土夹层局部具中等湿陷性。考虑到②层土埋深较浅且厚度较小，本次建议对该部分土全部挖除换填，具体处理范围及深度需结合后期的地勘报告给出详细的工程量。

（5）路基防护设计

由于道路两地块侧尚未开发，需要对路基边坡进行防护设计。本次7条道路基本以填方为主，且路基填土不超过6m，路基防护采用植草防护，并结合景观的防护方案。

4.3.7　道路附属设施

（1）路缘石设计

乙式路缘石、丁式路缘石均采用芝麻白花岗岩石材制作，花岗岩石材饱和抗压强度≥80MPa，饱和抗折强度≥9MPa。乙式路缘石外露面应采用抛光处理。

人行道铺装石材饱和抗压强度≥80MPa，饱和抗折强度≥9MPa。

人行道花岗岩盲道砖饱和抗压强度≥80MPa，饱和抗折强度≥9MPa。

（2）无障碍

本道路所有道路均进行无障碍设施建设，以体现"以人为本"的设计理念。根据我国现有国家行业标准《无障碍设计规范》（GB 50763—2012），应全面推行城市的无障碍环境。具体为在道路路段人行道、沿线出入口、道路交叉口、人行过街设施等处，满足视力残疾者与肢体残疾者，以及体弱老人、儿童等利用道路交通设施出行的需要。在道路路段上铺设视力残疾者行进盲道，以引导视力残疾者利用脚底的触感行走。行进盲道宽度不小于0.30m。行进盲道转折处设提示盲道。对于确实存在障碍物，或可能引起视残者危险的物体，采用提示盲道圈围，以提醒视力残疾者绕行。同时，路段人行道上如有高差或横坎，以斜坡过渡，坡度满足1∶20的要求。

（3）公交车站

公共汽车停靠站应结合当地现有交通站点及规划交通站点的位置而设置。停靠站间距一般在500~800m。道路交叉口附近的站位，宜安排在交叉口出口道，停靠站在干路上距对向进口道停止线不应小于30m，在支路上不应小于20m。

公交站台可设置直接式，站台段落站台宽度不宜小于2m。

公交站台应设置候车亭，候车设施应安全、经济、美观，便于乘客遮阳、避雨雪，与周围景观相协调。候车亭内设置座椅、靠架等，以方便乘客使用。

（4）人行过街

市政道路采用平面式过街，将结合交通信号灯、人行横道、公交站点、无障碍设施等设置在平交路口处。

4.4
交通工程

4.4.1　交通标志

本工程交通标志牌主要分为警告标志、禁令标志、指示标志、指路标志四大类。标志的安装形式有附着式、单柱式、悬臂式、门架式。

设计方案如下。

（1）警告标志

警告车辆驾驶人、行人前方有危险，道路使用者需谨慎行动。包括交叉路口标志、注意行人标志、注意儿童标志、注意信号灯标志等。

（2）禁令标志

标示禁止、限制及相应解除的含义，道路使用者应严格遵守。包括停车让行标志、减速让行标志、禁止通行标志、禁止驶入标志、禁止机动车驶入标志、禁止掉头标志、限制高度标志等。

（3）指示标志

标示指示车辆、行人行进的含义，道路使用者应遵循。包括直行标志、向左右转标志、环岛行驶标志、单行路标志、最低限速标志、人行横道标志等。

（4）指路标志

指路标志表示道路信息的指引，为驾驶者提供去往目的地所经过的道路、沿途相关城镇、重要公共设施、服务设施、地点、距离和行车方向等信息。包括路径指引标志、地点指引标志、道路沿线设施标志、其他道路信息指引标志等。

告知标志用以告知前方交叉口形式、交叉道路名称、通往方向信息、地理方向信息。设置于可转换灯控路口的入口处，距离路口停止线50～100m，特殊情况前后距离可适当调整，位置醒目，前后不遮挡。优先选用悬臂式。

4.4.2　交通标线

本工程交通标线主要包括指示标线、禁止标线、警告标线三大类。设计方案如下。

（1）车行道边缘线

采用白实线，线宽15cm，主路设置于道路两侧距路面边缘0.25m 或 0.5m 处。用于指示禁止车辆跨越的车行道边缘或机非分界。

（2）可跨越同向车道分界线

采用白虚线，线宽15cm，设置于车行道与车行道之间，主路白虚线为2m 画线 4m 空的"2–4 线"。用来分隔同向行驶的交通流，设在同向行驶的车行道分界上。

（3）可跨越对向车行道分界线

采用黄色虚线，线宽15cm，线段间隔长分别为 4m 和 6m。

（4）左转弯待转区线

左弯待转区线为白色虚线，用来指示左转弯车辆在直行时段进入待转区等待左转的位置。左弯待转区线为两条平行并略带弧形的白虚线，线宽15cm，线段及间隔长均为0.5m，其前端应画停止线。在待转区内须施画白色左转弯导向箭头，导向箭头长 3m，一般施画于左弯待转区的起始位置和停止线前各施画一组，左转待转区较长时，中间可以重复设置导向箭头。

（5）人行横道线

采用白色平行粗实线，线宽为 45cm，线长为 5m，线间隔为 0.6m。设在人行过街处，即标示一定条件下准许行人横穿道路的路径，又警示机动车驾驶人注意行人及非机动车过街。

（6）导向车道线

设置于路口驶入段的车行道分界线称作导向车道线，用以指示车辆应按导向方向行驶的导向车道的位置。白色实线，线宽为 20cm，导向车道线长度一般不小于30m。

（7）导流线

颜色为白色，与道路中心线相连时，也可用黄色。标线形式分为"V"形线和斜纹线。外围线宽20cm，内部填充线宽为 45cm，间隔100cm，倾斜角为 45°。表示车辆需按规定的路线行驶，不得压线或越线行驶。

（8）导向箭头

白色，导向箭头长 300cm，用以表示车辆的行驶方向。

（9）路面标记

非机动车路面标记、左转弯待转区文字提示、公交停靠站文字标记。

4.4.3　交通信号灯

车型信号灯根据道路断面及路口相交形式分别采用不同臂长的悬臂杆型或单柱杆型。信号灯安装在人行步道上或机非隔离带上。

机动车信号灯分为箭头灯、圆盘灯两类，信号灯采用钢悬臂及钢立柱两种支撑结构，钢筋混凝土基础。一般十字交叉口设置 4 套。

非机动车信号灯独立设置，钢立柱结构或附着于机动车信号灯立柱支撑形式，一般十字交叉口设置 4 套。

人行信号灯独立设置，钢立柱结构支撑形式，一般十字交叉口设置 8 套。

4.4.4　交通安全设施

（1）防撞桶

在沿线进出口右前侧，下穿道"U"形槽两边挡墙起终点两端适当位置处，中间带、侧分带及道路中间设置出入通道的结构物迎车面三角地带，设置防撞桶，用来提醒车辆提高警觉，并在撞上后减轻损失。

（2）隔离护栏

在道路中间双黄线处设置中间分隔护栏，路口附近设置人行道护栏，机动车道和非机动车道之间设置隔离护栏，以隔离机动车和非机动车混行干扰，确保交通安全。

（3）限高架

针对本项目限高 3.5m 地下环隧的要求，各入口前连续设置 3 次限高警告，各次警告之间保持一定的距离，并应能保证车辆及时分流，最后一次为硬杆型的防撞门架。

4.5

道路照明工程

4.5.1　设计原则

城市道路照明作为城市基础设施的一部分，对城市的载体功能具有重要作用。在进行本工程的道路照明设计时，应遵守以下原则。

确保城市道路照明为车辆行驶人员及行人创造良好的视觉环境，达到保障交通安全、提高交通运输效率、防止犯罪活动、美化城市环境和方便人民生活的目的。

安全可靠、技术先进、经济合理、节省能源、维修方便、点缀景观。

道路照明电源采用箱式变电站供电，并合理分布"箱变"位置，供电系统及控制方式合理。

灯具选择高效光源。根据道路断面形式合理选择布灯形式。灯具、灯杆造型美观、经济、简单、环保，并且维护维修方便，节省费用，除满足功能性照明要求外，还要兼具城市景观功能，考虑与周边道路照明的自然过渡。

在道路交叉口处应适当提高照度标准，保证行车安全并具有良好的诱导性。

4.5.2　设计标准

本片区道路类型包括主干道、次干路及支路，依据《城市道路照明设计标准》（CJJ 45—2015）相关规定，道路照明需满足路面平均亮度（或路面平均照度）、路面亮度总均匀度和纵向均匀度（或路面照度均匀度）、眩光限制、环境比和诱导性的评价指标要求。人行道路照明形式和照度要满足人员通行需求，当非机动车道灯具无法满足人行道照度要求时，设置人行道景观专用灯具，或结合沿街建筑、围墙设置壁灯，该部分内容纳入景观照明设计。

4.5.3　供电电源方案

本工程道路照明负荷等级为三级，按照市政设施用电电源统筹设置的原则，综合管廊、道路照明、景观照明、交通监控共用电源，本工程结合综合管廊设置 2 座地下变电所，各变电所0.4kV供电半径不超过800m，要求各供电回路电压降小于5％，在保证正常运行情况下，照明灯具端电压应维持在额定电压的90％～105％。变电所设计内容纳入综合管廊工程，此处不再赘述。

4.5.4　照明光源选型

道路照明是城市道路工程的重要组成部分，采用新型高效、节能、寿命长、显色性好、照度均匀度高的道路照明光源对城市照明节能具有十分重要的意义。高压钠灯与LED光源相比，在显色指数、照明均匀度、整体光效、使用寿命上均偏低，且能源消耗较高。LED作为道路照明光源，具有发光效率高、耗电少、寿命长和不诱虫等优点。高压钠灯的显色指数通常为30左右，而LED灯的显色指数在75以上。显色指数越高，可更加清晰地分辨出道路的情况，大大减少交通事故的发生。故推荐路灯采用LED光源。

4.5.5　照明灯具选型

路灯作为我国城市建设中最密集的城市基础设施，除承担着照明功能外，也是智慧城市建设的重要载体。智慧路灯利用信息技术、感知技术、网络技术、显示技术、视频技术实现智慧城市的基础信息感知采集，结合后台管理系统，促进智慧市政和智慧城市在城市照明业务方面的落地，实现城市及市政服务能力的提升（图4-8）。

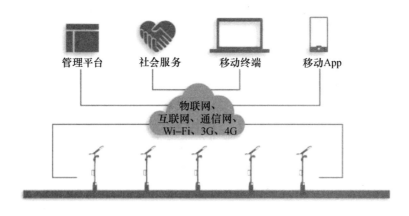

图4-8　智慧路灯系统构架

路灯照明灯具采用配光合理、效率高、机械强度高、耐高温、耐腐蚀性好、质量轻、美观、安装维修方便、具有防水防尘性能的优质产品。

道路照明灯具采用半截光型，灯具效率达到75％以上。

本工程智慧路灯集成照明、交通监控、交通标示、5G通信、物联网等多种功能，杆柱设计纳入道路监控工程中（图4-9）。

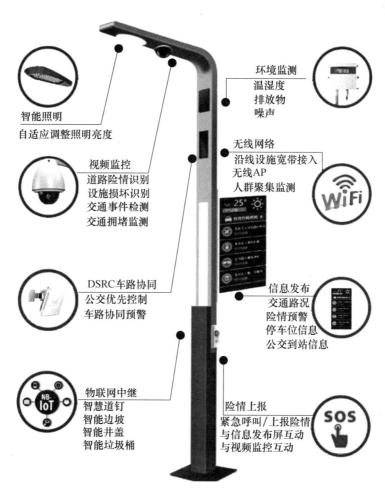

图 4-9　智慧路灯

4.6
道路监控工程

4.6.1　工程概况

本工程包括丰宁路、丰裕路、丰登路、金融东路、金融一路、金融西路、金融三路7条红线范围内的地面道路工程。

4.6.2　设计范围

本设计负责道路红线范围内的以下各系统设计。

① 道路设施设备运维管理系统。

② 智能交通管理系统：

a. 交通信号控制系统；

b. 交通信息采集系统；

c. 交通信息发布系统；

d. 交通视频监控系统；

e. 电子警察系统；

f. 高清卡口系统。

③ 智能公交站台。

④ 通信网络系统。

各系统数据上传至上级智慧交通监控中心，由智慧交通监控中心对整个片区的交通进行区域协调控制。本工程设计分界面为路侧综合箱汇聚交换机上口。

4.6.3　设计理念

以数据流程整合为核心，适应不同应用场景，以物联感应、移动互联、人工智能等技术为支撑，构建实时感知、瞬时响应、智能决策的新型智能交通体系，建设数字化智能交通基础设施，打造全局动态的交通管控系统。建立数据驱动的智能化协同管控系统，采用交叉口通行权智能分配，保障系统运行安全，提升系统运行效率。实现能源金融贸易区道路交通"畅通、优化、转型"的总体发展战略,贯彻"安全、高效、便捷、绿色"的设计理念。

4.6.4 控制管理模式

交通监控系统采用两级管理三级控制模式,暂按西咸交通监控中心—能源金融贸易区交通监控中心两级管理,西咸交通监控中心—能源金融贸易区交通监控中心—监控外场设备三级控制模式设计。所有外场设备通过通信网络将采集到的交通信息传输至能源金融贸易区交通监控中心,再由能源金融贸易区交通监控中心上传至西咸新区交通监控中心。能源金融贸易区交通监控中心不在本工程范围内。

4.6.5 交通信号控制系统

本工程在各信号灯路口设置信号控制机,通过中心远程控制,实现平滑交通流,控制交通有序运行。交通信号机应采集所控制路口/路段的各方向、各车道的交通数据,实现集成化管理。在设置信号灯时,应综合考虑道路级别、路口特殊性、机动车流量、行人过街流量、交通事故状况等因素,同时配套设置相应的道路交通标志、道路交通标线和交通技术监控设备等。

4.6.6 交通信息采集系统

在各信号灯路口设置车辆检测器,实时检测各进口道的交通参数,为信号灯协调控制提供数据支撑。车辆检测系统具备异常交通事件、异常交通行为的检测功能,可对视域内发生的事故停车、违禁停车、违法调头、车辆逆行或倒车,以及车辆闯禁区等异常交通行为或事件进行自动检测、报警、事件过程录像,从而达到排除重大隐患、降低事故等级、降低事故损失的目的。同时系统还具备交通参数检测功能,可对视域内交通流量、车辆速度、车道占用率、车辆排队长度等数据进行检测。

4.6.7 交通视频监视系统

该子系统主要用于对市政道路全程车辆运行状况的实时监视;对特定目标能够详细查看、监视,能够手动跟踪监视,提供事件现场高清视频供指挥调度人员参考;能利用视频监控平台,通过实时视频或回放录像进行人工抓拍违法行为;能够与其他子系统发出的事件信息、信号形成联动。当视频事件检测子系统检测到某路段发生事件时,系统能够将该路段的视频图像自动切换至监视器上显示(图4-10)。

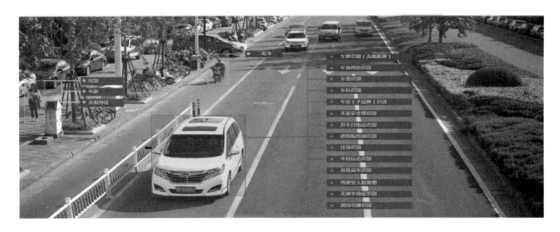

图 4-10 交通视频监视系统示意

4.6.8 高清电子警察系统

电子警察系统通过前端摄像机对违法车辆进行实时抓拍，如闯红灯、压线、变道、非法掉头及超速等一系列交通违章行为，同时上传至监控中心的服务器平台，相关执法人员通过筛选对违法车辆进行警告或处罚（图4-11）。

系统应具有全天候检测功能：在昼、夜、雨、雪、雾等各种条件下，只要人眼能看见车辆的移动，即使在道路没有照明的情况下，只要车辆有正常的前灯或尾灯照明，即可毫无障碍地检测事件、事故。

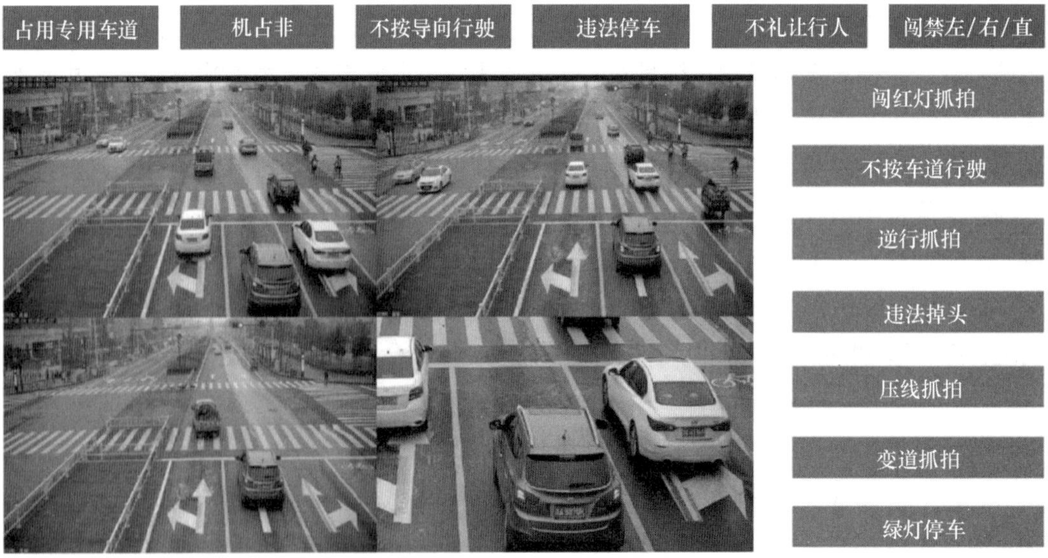

图 4-11 高清电子警察系统示意图

4.6.9　高清卡口系统

高清卡口系统应能准确记录通行车辆的全景图像，并实现该全景图像中的机动车特征提取及视频标签的自动叠加，系统具有机动车、非机动车、行人分类监测捕获功能。

该子系统通过对公路运行车辆的构成、流量分布、违章情况进行常年不间断的自动记录，为交通规划、交通管理、道路养护部门提供重要的基础和运行数据，为快速纠正交通违章行为、快速侦破交通事故逃逸和机动车盗抢案件提供重要的技术手段和证据，以提高公路交通管理的快速反应能力。

4.6.10　交通信息发布系统

交通信息发布系统主要由指挥调度中心、信息处理中心、信息交换平台、通信网络和信息发布终端组成。其中，信息交换平台接收来自指挥调度中心和信息处理中心的交通信息，通过各类信息传输渠道将信息发布到各类信息发布终端。该子系统通过交通电子屏、短信服务平台、交通广播、站场查询终端、智能手机终端等信息发布方式，及时提供公共车辆运行信息和道路交通信息，实现交通信息服务全面化和移动化，为交通出行者提供全面、准确、便捷、及时的综合交通信息服务（图 4-12）。

图 4-12　交通信息发布

4.7

道路景观绿化工程

4.7.1　道路绿化设计特色

（1）营造特色城市景观街道走廊

设计依据道路等级与上位特色街道塑造要求，营造差异性的道路景观风格。依据上位规划提出的街道风貌，本次设计主要划分为次干路纵向——品质林荫、次干路横向——精致活力、支路横纵向——优享闲适。设计选用西咸地区观赏效果良好的乡土树种，如国槐、千头椿、朴树、椴树、五角枫、丁香、紫薇、杏树、桂花、石榴等，形成特色鲜明、色彩明丽、氛围和谐、简洁大气的城市道路景观风貌，构建连续、弹性、多功能的城市绿色生态网络。

（2）合理配置城市绿道服务设施

绿道主要指可以供行人和骑车者进入的自然景观良好、以休闲功能为主的绿色开敞空间。本次西咸道路绿化设计以城市的主、次、支路为主要依托，为人们提供兼顾人行、骑行、车行的自然景观良好、以休闲功能为主的绿色街区。城市驿站是打造绿色、友好、品质城市街区的重要组成部分。因此，此次将城市驿站作为道路绿化的一大设计亮点设计，依据《绿道规划设计导则》划分为三种不同级别的城市驿站。

类型	一级驿站	二级驿站	三级驿站
间距	5 ~8km	3 ~5km	1 ~2km

本次设计主要涉及三级驿站，结合街区不同的服务需求，城市驿站又依据功能需求不同呈现为以下五种不同的形式（图4-13至图4 –17）。

形式 A：与休憩场地、廊、亭等景观服务设施相结合。

形式 B：与慢行交通、公共交通停靠点或中转点等交通服务设施相结合。

形式 C：与治安消防点、公厕等公共服务建筑设施相结合。

形式 D：与报刊亭、微书店等文化服务设施相结合。

形式 E：与咖啡馆、售卖点等商业服务设施相结合。

图 4-13　形式 A—城市驿站意向

（a）　　　　　　　　　　　　　　　　　　（b）

图 4-14　形式 B—城市驿站意向

（a）　　　　　　　　　　　　　　　　　　（b）

图 4-15　形式 C—城市驿站意向

(a)　　　　　　　　　　　　　　　　　(b)

图 4-16　形式 D—城市驿站意向

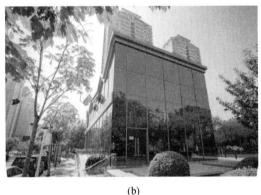

(a)　　　　　　　　　　　　　　　　　(b)

图 4-17　形式 E—城市驿站意向

4.7.2　路网景观总体方案

道路绿网建设依托灿烂悠久的秦汉文化、片区商业文化、创意产业文化，打造集商业购物、休闲娱乐、商务办公、文化展示等功能于一体，充满都市活力与竞争力的城市新兴区域。

（1）植栽专项

人行道绿化是城市街道绿化最基本的组成部分，它对美化环境、丰富城市街道景观、净化空气、为行人提供一片绿荫具有重要的作用。行道树是城市街道、乡镇公路等特定环境中栽种的树种，其生态条件复杂，功能要求也各有差异。

在树种材料和规格选择上提出新的理念。首先，选种范围以乡土适应性树种为主，选择国槐、悬铃木、紫椴、千头椿、栾树等作为道路绿化的主要乔木树种；选择大叶黄杨、榆叶梅、贴梗海棠等作为主要灌木树种；选用玉簪、崂峪苔草等作为地被绿化材料。在树种规格方面，选用树形饱满、冠大荫浓的成年树种进行道路绿化，希望在短时间内呈现最佳的街道绿化效果。在植物的栽植方式上，机非分隔带与行道树绿带均采用乔灌草复层结构，为公交车、行人提供夏季完全遮阴的街道环境。街道风貌的控制同样完全呼应道路系统设计，最终形成三种类型的街道景观风貌，分别为次干路——品质林荫、次干路——精致活力、支路——优享闲适。

西安地区四季分明，故设计中树种选择上充分考虑到以下标准：乡土树种、生长迅速，主干端直，分枝点高，不妨碍车辆安全行驶；冠大荫浓，树冠整齐，姿态优美，可以美化环境，庇荫行人；荫生性强，耐修剪整形，可控制生长，以免影响空中电缆；适应性强，寿命较长，病虫害少，抗风，对烟尘风害抗性较强；花果无毒，无黏液，无臭气，树身清洁，无棘刺，无污染。

（2）铺装专项

在道路景观铺装主色调选择上，我们先后提出了鲜艳、绚丽的红色系，厚重、温馨的黄色系，以及干净、整洁的灰色系，为打造绿色、活力的城市街道形象，最终选取干净、整洁的灰色系作为道路景观铺装的主色调，凸显街道的绿色景观与人文活力（图4-18）。

(a)　　　　　　　　　(b)　　　　　　　　　(c)

图 4-18　红色系、黄色系、灰色系铺装意向

在铺装材料尺度上，先后提出统一模数尺寸、多样化尺寸、按照道路规格分类等不同方式，并对比了这几种不同的方式。统一模数尺寸的道路铺装材料省时、省力、规格统一，但缺乏变化，呈现的城市道路景观面貌较呆板；多样化尺寸的道路铺装材料富有变化但较难统一风格；按照道路规格分类的道路铺装材料能较好地满足统一与变化的道路铺装风格要求，因此，最后采取这一方式。

在铺装材料的选择上，先后对比了传统烧结砖、花岗岩、彩色沥青路等不同的路面材质在景观效果、性能、质感等方面的差异，最后结合上位规划、城市发展风格定位及海绵城市建设要求，最后选择透水砖铺装、新型的透水胶粘石铺装、彩色强固透水混凝土铺装或透水沥青等新材料，在满足排水与通行良好效果的同时，兼顾道路铺装景观效果（图 4-19 至图 4-21）。

(a)

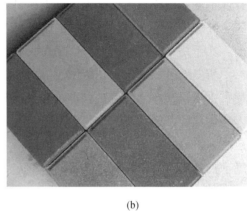

(b)

图 4-19　透水砖示意

(a)

(b)

图 4-20　透水胶粘石铺装示意

图 4-21　彩色强固透水混凝土示意

（3）景观夜景亮化

我们针对多条道路及其多元化的道路景观主题定位，提出了夜晚分级亮化、智能亮化方案，选取了适宜的景观亮化灯具，并进一步分析现今部分城市的亮化问题，提出了具有代表性的分区域、分体系、分亮度设计布局，并进行智能化管控，采用多回路智能分时、分级的照明节能控制体系，从而实行景观照明总体规划。

（4）海绵城市专项

积极响应习近平总书记讲话及中央城镇化工作会议精神，大力推进建设自然积存、自然渗透、自然净化的"海绵城市"，节约水资源，保护和改善城市生态环境，促进生态文明建设。能源金融贸易区作为重要片区，其规划设计将起到重要的引领作用。因此，在城市道路规划设计中，我们将海绵城市及低影响开发的设计理念及措施融入其中。

（5）城市家具专项

根据街道的尺度配备相应规格标准的街道家具，即在城市主干道、人流量及垃圾投放量大的区域设置地埋升降式分类垃圾收集箱，在城市次干道及各支路选用常规分类垃圾箱。城市主干道艺术装置景观以观赏性强的艺术雕塑为主，通过不同主题展现各关键节点的风貌特色；城市次干道及靠近各居民活动区的街道，适当设置创新的科技景观装置，增加居民的互动及趣味性体验。景观座椅的设计，即在简洁大气的总体风格引领下，设计一系列的不同规格产品，以适应不同层级道路的分布需求及使用频率等（图4-22）。

图 4-22　方案效果

第 5 章

地下环隧工程

5.1
概　述

　　根据上位规划，本工程内地下环隧主线为环形，沿丰宁路、金融三路、丰登路及金融东路布设，单向三车道，沿逆时针方向单向交通组织，主线全长 1680m；主线外围共设置 3 处进出口匝道，1 处出口匝道。按照规划的建设时序，沣泾大道东侧的匝道口远期随沣泾大道改建实施，不在本次工程建设范围内。

5.2
地下环隧交通组织设计

5.2.1　交通组织设计

（1）内部交通组织设计

地下环隧主线采用单向逆时针方式进行交通组织，便于出入口匝道与地面路的衔接。主隧道左右两侧布置地块出入口，遵循左侧口"左进左出"、右侧口"右进右出"的行车组织（图5-1）。

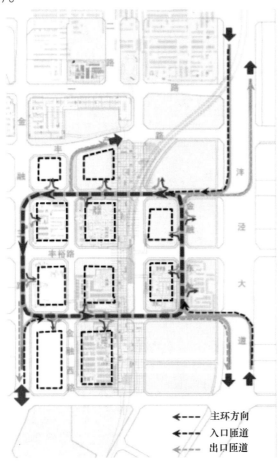

图 5-1　地下环隧内部交通组织

（2）外部交通组织设计

根据区域路网规划，周边主要交通干路为沣泾大道，现状为双向六车道，远期规划为主路双向八车道＋双向四车道辅路。根据外部交通流向分析，西安和沣东地区的联系为主流向。与西安方向的沟通，主要通过与高速出入口之间的联系，通过丰产路和能源三路与沣泾大道北侧出入口和丰产路出口之间进行衔接。南部沟通通过沣泾大道南侧出入口和金融三路出入口进行沟通。近期由于沣泾大道改造未同步实施，东侧一对出入口暂不实施，其交通流线图如图5-2 所示。

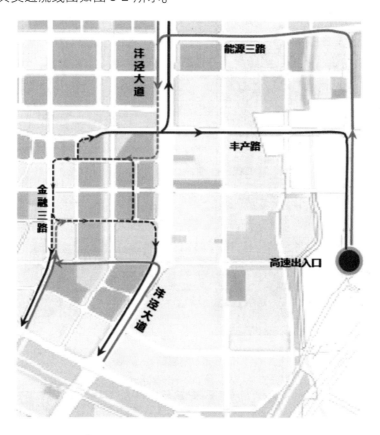

图5-2 近期外部交通组织

5.2.2 地下环隧出入口方案比选

主要对东北出口匝道进行比选。

5.2.2.1 控制因素

主要控制因素有沣泾大道、道路西侧的电力隧道、道路两侧直埋管线、沿线地块尺度及交叉口、道路两侧地块开口。现状道路：三幅路，红线宽度50m，双向六车道，两侧非机动车及人行道，人行道外围为绿地（图5-3）。

5.2.2.2 方案比选

（1）方案一：长出入口方案

由于地块长度限制，按照规划将出口设置在北侧较长地块，匝道长度约615m，近期需改造现有东侧地块进出口为入口，与匝道进口道共用一个入口。远期，随着规划道路的实现，地块口与辅路相接。最小纵坡坡度0.39%，最大纵坡坡度5.85%，最小坡长89.963m，竖曲线指标都满足规范要求（图5-4）。

图5-3 控制要素

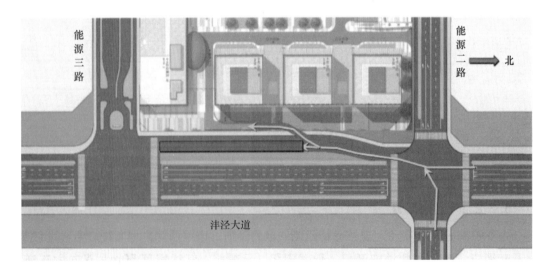

图5-4 沣泾大道长入口方案

（2）方案二：短入口方案

匝道长度280m，采取8%的大坡度，采取防冻结措施，保证冬季车辆行驶的安全性。进口匝道距道路交叉口距离30m，最小纵坡坡度0.6%，最大纵坡坡度8%，最小坡长133.140m。竖曲线指标满足规范要求（图5-5）。

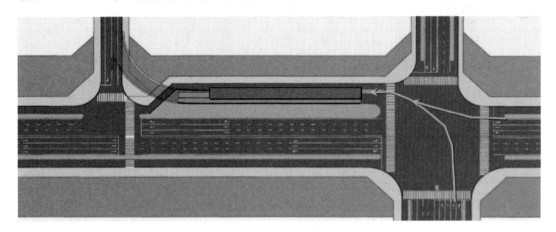

图5-5　沣泾大道短入口方案

（3）方案比较

方案一纵坡小于方案二，交通安全方面较好，距离交叉口停止线的距离更远，便于交通组织；方案二较方案一减少350m，并减少DN1200污水、DN1200雨水、通信光纤各自约340m，减少破处现有道路绿化及人行步道道路约3400m，并可避免对能源三路的破路施工，方案二的规模较方案一大。

综合比选推荐方案一长入口方案。

东北侧的远期出口方案与入口方案类似，同样推荐采用长出口方案。

5.3
地下环隧道路工程

5.3.1 地下环隧平面设计

（1）主线

地下车道处于地下一层，位于区内丰宁路、金融三路、丰登路和金融东路的路下，与综合管廊重叠设置，地下车道在金融三路路中设置出入口，在沣泾大道的现状机动车道外侧设置出入口与地面道路连通，其中沣泾大道出口为远期预留设置，近期不实施。在丰产路路侧设置一个出口（图5-6）。

地下车道主线全长1682.267m，共设置4处折点，圆曲线半径分别为30m、30m、50m和50m。地下车道定线基本沿地面道路走向，以不超出道路红线为前提，依据情况适当调整地下车道线形，分述如下。

地下车道位于丰登路段：道路红线宽20m，该段共构综合管廊结构宽11.75m，该段定线完全按照地面层道路中线，曲线段为保证结构位于红线内。

地下车道位于金融东路段：道路红线宽20m，该段定线完全按照地面层道路中线，曲线段为保证结构位于红线内。

地下车道位于丰宁路段：道路红线宽20m，直线段完全按照地面层道路中线，曲线段为保证结构位于红线内。

地下车道位于金融三路段：道路红线宽30m，直线段完全按照地面层道路中线，曲线段为保证结构位于红线内。

在4处圆曲线段设置加宽和超高，加宽、超高渐变段长度为25m。加宽按照小客车标准进行加宽，每个车道加宽分别为0.75m、0.75m、0.5m和0.5m，曲线内侧加宽。

（2）出入口

地下环隧主线外围共置3处双向出入口和1个单向出口。双向进出口分别位于沣泾大道北侧和南侧、金融三路南侧。单出口位于丰产路南侧。

丰产路出口长371.392m，单向单车道，设置2m应急车道，结构净宽为7m。全线共设置2处交点，圆曲线半径分别为40m和704.3m，在圆曲线半径40m处设置加宽和超高，加宽、超高渐变段长度为25m。按照小客车标准进行加宽，一个车道加宽宽度为0.6m，曲线内侧加宽。

金融三路出入口，全长 229.943m，双向两车道，中间设置 2.5m 的应急车道，结构净宽为 10.5m。中线为直线。

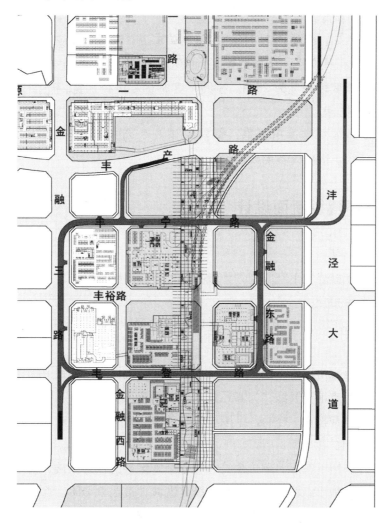

图 5-6　地下环隧总平面示意

沣泾大道东北入口，全长 639.291m，单向单车道，设置 2m 应急车道，结构净宽为 7m。全线共设置 1 处交点，圆曲线半径为 40m，在圆曲线半径 40m 处设置加宽和超高，加宽、超高渐变段长度为 25m。按照小客车标准进行加宽，一个车道加宽宽度为 0.6m，曲线内侧加宽。

沣泾大道东北出口，全长 408.481m，为远期预留，近期不实施。单向单车道，设置 2m 应急车道，结构净宽为 7m。全线共设置 1 处交点，圆曲线半径为 40m，在圆曲线半径 40m 处设置加宽和超高，加宽、超高渐变段长度为 25m。按照小客车标准进行加宽，一个车道加宽宽度为 0.6m，曲线内侧加宽。

沣泾大道东南出口，全长 338.179m，单向单车道，设置 2m 应急车道，结构净宽为7m。全线共设置1处交点，圆曲线半径为40m，在圆曲线半径40m处设置加宽和超高，加宽、超高渐变段长度为25m。按照小客车标准进行加宽，一个车道加宽宽度为0.6m，曲线内侧加宽。

沣泾大道东南入口，全长221.415m，单向单车道，设置2m应急车道，结构净宽为7m。全线共设置1处交点，圆曲线半径为40m，在圆曲线半径40m处设置加宽和超高，加宽、超高渐变段长度为25m。按照小客车标准进行加宽，一个车道加宽宽度为0.6m，曲线内侧加宽。

全线共13处地下车库进出通道，全部采用双向两车道，不同出入口间距大于30m，满足规范要求。进出口宽度为8m。

5.3.2　地下环隧纵断面设计

（1）主要控制因素

地下环隧纵坡以控规地下空间规划为依据，地下道路整体位于地下二层，与区域各地块的地下二层车库相接；

纵断面设计的主要依据为规范中相关等级道路技术标准，如最小坡长、最小半径等；

纵断面设计应考虑与周边地块的地下车库及地下、地面道路的良好衔接；

纵断面设计应考虑地下管线，为其预留3.5m的敷设空间；

地下车道结构净空按4m控制，纵段设计时考虑结构的厚度要求。

（2）纵断面设计方案

竖向设计考虑与地下车库、周边建筑和城市开发地坪的良好衔接，为地下管线预留敷设空间，竖向设计最小纵坡采用0.3%，最大纵坡坡度为0.8%，路面排水通过路拱横坡收集到两侧侧壁排水沟内。地面进出口最大纵坡坡度不超过6%。

地下道路起点、终点及施工边界处应与市政道路顺接，避免跳台。纵断设计标高为地下道路中线处路面高程（图5-7）。

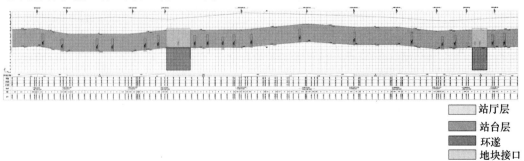

图5-7　地下环隧主线纵断面示意

5.3.3　地下环隧横断面设计

（1）主线

地下环隧只考虑小汽车通行，单车道宽 3.25m，路缘带 0.25m。

地下环隧主线标准断面形式为：0.5m 防撞墙（含装饰）+0.25m（安全带）+0.25m（路缘带）+3.25m×3（车行道）+0.25m（路缘带）+0.25m（安全带）+0.5m 防撞墙（含装饰）=12.25m。金融三路、丰登路和丰宁路下地下环隧都为三车道标准断面，与综合管廊共构。其横断面布置如图 5-8 所示。

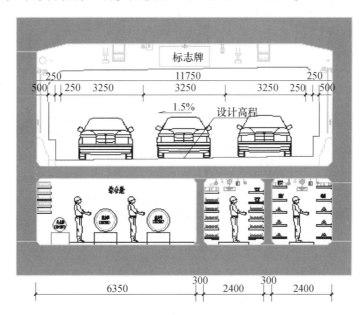

图 5-8　地下环隧与综合管廊共构标准横断面布置示意

在金融东路缆线管廊布置在车道的一侧，为三车道标准断面，宽度为 11.75m。其横断面布置如图 5-9 所示。

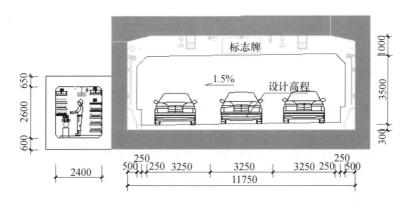

图 5-9　地下环隧与综合管廊同平面标准横断面布置示意

车道结构净高：1.0m（设备层）+3.5m（车行净空）+0.3m（道路结构）=4.8m。

（2）出入口

单向出入口为单向单车道加应急车道，横断面布置为：0.5m［防撞墙（含装饰）］+0.25m（安全带）+0.25m（路缘带）+3.25m 车行道 +2m 应急车道 +0.25m（安全带）+0.5m［防撞墙（含装饰）］=7.0m，如图5-10 所示。

金融三路设置双向两车道出入口，与综合管廊共构。横断面布置为：10.5m = 0.25m 防撞墙 +0.25m（安全带）+3.25m 车行道 +2.5m 应急车道 +3.25m 车行道 +0.25m（安全带）+0.25m 防撞墙，如图5-11 所示。

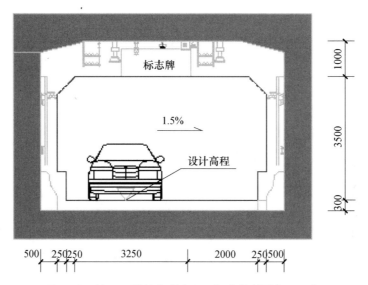

图 5-10　地下环隧单车道出入口标准横断面布置示意

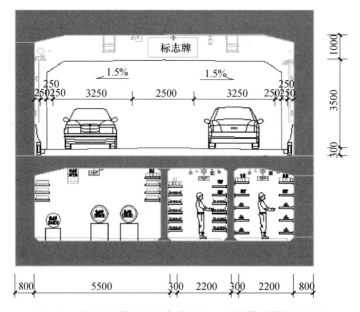

图 5-11　地下环隧双向两车道出入口标准横断面布置示意

敞开段断面形式如图 5-12、图 5-13 所示。

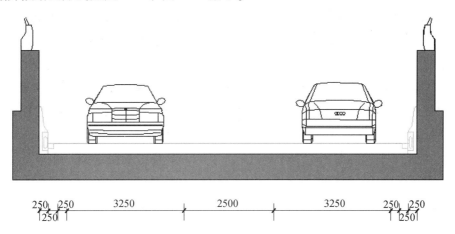

图 5-12　地下环隧双向两车道出入口敞开段标准横断面布置示意

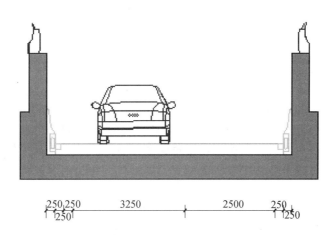

图 5-13　地下环隧单车道出入口敞开段标准横断面布置示意

5.3.4　路面结构

本项目推荐采用温拌沥青混合料路面。

目前，国内高等级沥青路面基本上都采用传统的热拌沥青混合料 HMA（Hot Mixture Asphalt）进行铺筑，对于常用的 70# 沥青，通常要求沥青加热温度为 160 ~170℃，矿料加热温度为 170 ~185℃，正常施工时摊铺温度不低于 150 ~155℃，碾压温度要求不低于 140℃。而改性沥青的施工温度比 70# 沥青还要高。将沥青和矿料加热到如此高的温度，不仅要消耗大量的能源，而且在生产和施工过程中还会排放出大量的废气和粉尘，严重影响周围的环境质量和施工人员的身体健康。可以说，大量使用 HMA 必然导致环境的破坏、能源的浪费和人类生存圈的缩小，这与我国倡导的可持续发展道路是背道而驰的。

自 1995 年起就开始研制一种环保型的温拌沥青混合料 WMA（Warm Mix Asphalt）来替代传统的热拌沥青混合料 HMA。WMA 需要降低沥青结合料的黏度，从而能在相对较低的温度下进行拌和、摊铺和碾压。就目前的技术水平而言，WMA 的拌和温度可以达到 100 ~120℃，摊铺和压实路面的温度为 80 ~90℃。相对于 HMA，WMA 温度可以降低 30 ~50℃，而且 WMA 同时具备和 HMA 一样的施工和易性和路用性能。

WMA 首先在欧洲由 Shell 和 Kolo – Veidekke（挪威）于 1995 年联合研制，并开始进行初步室内试验研究，于 1996 年进行了 WMA 现场试验路试铺。温拌沥青混合料在欧洲取得较大成功，已经铺筑多条道路，但在国内仍处于起步阶段，相关的研究成果还很少。2005 年 11 月，由交通部公路科学研究院、同济大学、北京路桥路兴物资中心和美国 MeadWestvaco 公司合作铺设的我国第一条温拌沥青混合料路面在北京试铺成功，采用 Evotherm 乳化技术，这标志着我国在温拌沥青路面的研发和应用上迈出了可喜的一步。随后，全国其他省（区、市）都开始温拌沥青混合料的研究，并逐步应用到道路建设中去。

5.3.5　地下道路交通工程

交通标志应设置在驾驶人员最易看到并能准确判读的醒目位置。城市地下道路的交通标志宜采用电光标志材料。城市地下道路交通标志的尺寸、位置可根据道路内空间状况做适当调整，并应满足现行国家标准要求，不得侵入建筑限界。

（1）市政道路

在通道入口 2km 范围内的市政道路设置入口引导标志，入口引导标志设置在与地下道路连接的道路，以及周边主要交叉口，且不少于 2 个主要交叉口。

在通道入口与上游交叉口之间设置主动发光的分车道指示标志、限速标志、指路标志等。

（2）通道入口处

在通道入口前 50m 处，设置带防撞功能的门架式交通标志，门架式交通标志上设置隧道入口标志牌、限高标志牌、限速标志牌、禁止停车标志牌、禁止超车标志牌、禁止行人和自行车进入标志牌等。

在通道入口位置，设置带防撞功能的门架式交通标志，门架式交通标志上设置主动发光限高标志牌、限速标志牌、禁止超车标志牌等，并在入口前一定位置设置连续下坡的警告标志。

（3）通道内部

通道内所有标线应采用反光标线，建议采用彩色防滑标线，宜配合标线设置反光凸起路标或 LED 凸起路标，其颜色与标线颜色一致，布设间隔为 10m。

　　通道内各车道中心线上方设置车道指示器，直线间距 500m，曲线路段间距适当减小。

　　通道内距离出口适当位置，在顶部设置主动发光出口预告标志。

　　其他应设置的标志应包括紧急电话指示标牌、消防设备指示标牌、人行横洞指示标牌、车行横洞指示标牌、疏散指示标牌等。

　　隧道内标线主要包括道路标线、轮廓标、诱导标、立面标记及凸起路标等，标线建议采用彩色防滑标线。

5.4
地下环隧建筑工程

5.4.1 设计方案

(1) 平面布局设计

地下道路主线位于丰宁路、金融三路、丰登路、金融东路 4 条道路下，全长 3871m，主体面积 33439m²，设备附属房间建筑面积为 3100m²，总建筑面积为 36539m²，共设置 3 处进出口匝道，连接主环与出入口。与地块之间共设置 13 处车行联络通道，进入周边地块下停车场，为了满足消防设计要求，其中 4 处结合作为人员疏散口，另需额外独立增设疏散口 5 处，借用丰宁路控制中心出点出入口 1 处，丰登路水喷雾泵房及分变电所附属用房出地面出入口 1 处，出地面逃生口主要以利用道路旁侧绿化带和人行道为原则。整个地下道路，在南北绿廊设置 1 座控制中心。通风区间按不超过 200m 设计，共需设置进风机房 2 处，排风机房 4 处。整个地下道路设置高压细水雾泵房 2 座，变电所各 3 座。具体平面布局系统如图 5-14 所示。

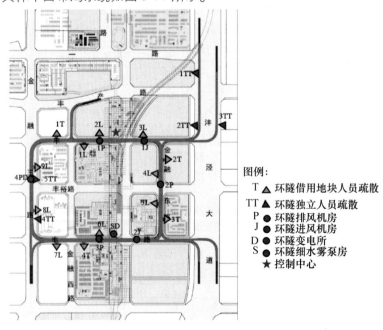

图 5-14　地下道路平面布局

（2）标准横断面设计

地下道路标准横断面分为三类，具体车道尺寸如下：单向两车道 4.8m（高）×6.0m（宽）；单向两车道 4.8m（高）×7m（宽）；双向三车道 4.8m（高）×10.5m（宽）；单向三车道 4.8m（高）×11.25m（宽），刨除道路做法 0.3m 及设备空间 0.8～1m，可以实现 3.5m 车行净高要求。进出口匝道按两车道考虑，净宽 7.5m（图 5-15 至图 5-19）。

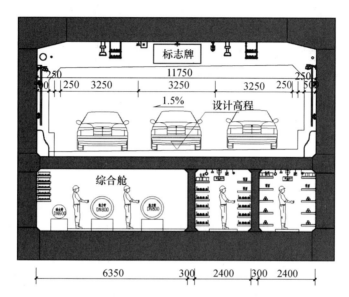

图 5-15　单向三车道标准横断面示例 1

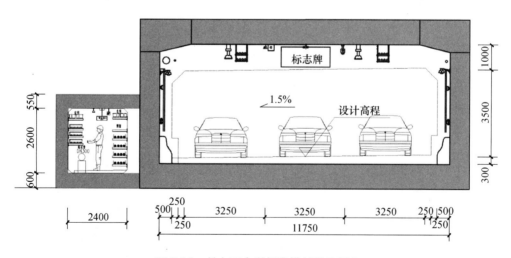

图 5-16　单向三车道标准横断面示例 2

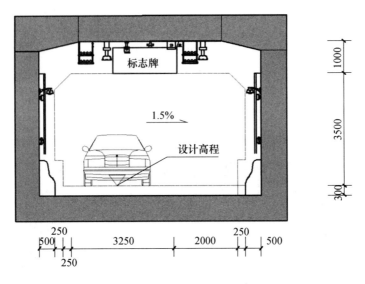

图 5-17　单向单车道标准横断面

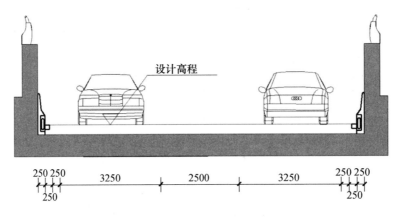

图 5-18　进出口匝道双向

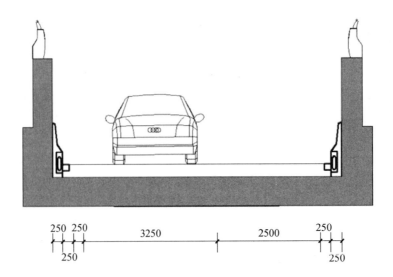

图 5-19　进出口匝道单向

（3）建筑消防设计

地下环形车道的消防设计自成体系，并严格遵从《建筑设计防火规范》（GB 50016—2014）中有关章节的要求进行设计。考虑到隧道危险性和消防设施设置要求的差别，本规范将三类隧道细分为Ⅰ类、Ⅱ类，规定长度大于500m、不超过1000m的为Ⅱ类；长度大于1000m的隧道为Ⅰ类。故本案设计地下道路属于三类隧道中的Ⅰ类。

隧道内装修材料除嵌缝材料外，应采用A级不燃材料。

隧道与地下停车库、其他相邻隧道间应用耐火极限不低于3.0h的防火墙、防火卷帘进行分隔，与人行疏散出口之间采用甲级防火门分隔。隧道内的变电室、通风机房及其他辅助用房等，与车行隧道之间应采用耐火极限不低于2.0h的防火隔墙、甲级防火门分隔。

结合以上有关内容的要求，车道长度超过1500m但小于3000m，按一类城市地下联系隧道设计，即地下车行联络道应设置通往相邻车行通道的人行横通道或直通室外的人员疏散出口，疏散出口间距不应大于250m。确有困难时，可借用地下停车设施的出入口作为人员安全疏散的途径，并应在地下停车设施出入口旁侧设置防火隔间作为人员疏散出口。按此原则，除了结合地块车行联络通道设置的人员疏散口13处，其余共需额外设置封闭楼梯间2处，疏散通道净宽2.0m，净高2.2m以上，与地下车道连通处设置防火墙，墙上开设甲级防火门，以满足疏散需求。

（4）建筑空间装修设计

方案一：现代色彩。

色彩谐调的方式之一就是利用类似色达到谐调的效果（图5-20、图5-21）。在墙体的色彩设计中，以西咸的标志色为主导，融合了西咸夜晚霓虹灯的色彩。在出口和下沉广场交接处使用了颜色渐变，起到了明适应和提示的作用。据研究，人眼首先对颜色形成印象，其次才是形体和文字等。简言之，颜色不需要经过大脑思考过程而直接带给人愉悦感，这种特性是地下车道所需要的。

图 5-20　色彩效果示例1

本方案从抽象的角度表现西咸感受，使用变换的灯光勾勒出西咸的城市印象。

西咸地区四季分明，雨水充沛，为植物的生长提供了良好的条件。因此，车道内 4 个面分别表现的是春、夏、秋、冬四季的色彩，形象生动，同时直观地说明了地下的 4 个方向。

图 5-21　色彩效果示例 2

方案二：简约造型。

当人从明亮的室内进入幽暗的地下空间时，人眼对光的敏感度逐渐增加，约 30min 达到最大限度称暗适应。人眼会不适应黑暗，而产生短暂的失明。在设计中考虑到这一因素而使用了智能灯光照明系统，植物的种植构成了美丽的西咸城市景观，同时也是出于实用的考虑——加速适应黑暗的过程。基于这一原因，在各出入口和下沉广场处使用了智能照明系统，消除了明适应和暗适应的不适感（图 5-22、图 5-23）。

图 5-22　造型效果示例 1

图 5-23　造型效果示例 2

方案三：光影灯光。

使用灯光构成图像将会使地下空间显得时尚，所构成的图案在 4 个方向也各不相同。因此，本方案是在充分调研的基础上做出的设计。车道内侧是 LED 灯构成的影像，外侧墙面是警示灯带。在出入口处图案变成了点阵，提醒司机前方道路有出口，内外墙面不同质地，作用不同（图 5-24、图 5-25）。

图 5-24　灯光效果示例 1

图 5-25 灯光效果示例 2

5.5
地下环隧结构工程

5.5.1　结构施工工法

环隧（管廊）位于丰登路、金融东路、丰宁路、金融三路，沣泾大道的下方。本片区尚未实现规划，各道路周边的各地块尚在开发过程中。

其中，57#（绿地 A）地块，79#（绿地 C）地块，正进行主体施工，最高已至地上 7 层，基坑尚未回填；58#（绿地 B）地块，正进行基坑开挖，尚未到设计基底标高；80#（绿地 D）地块，正进行基坑开挖，局部进行基础施工；82#（鑫苑）地块正进行基坑开挖，局部进行基础施工；中南菩悦东望天誉地块主体施工已出地面，基坑尚未回填；60#（天众）地块尚未基坑开挖；丰宁路北侧地块尚未开发；丰登路南侧 91#、92#（中天郡玺）地块已经基坑开挖（图 5-26）。

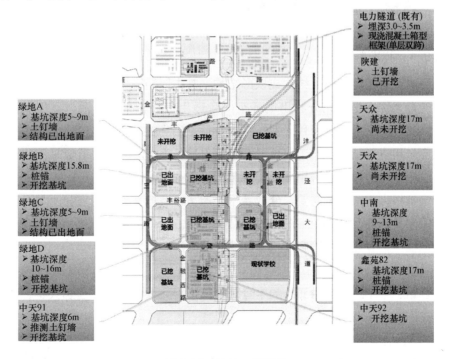

图 5-26　地块开发现状

环隧（管廊）的建设位置，除丰裕路外，道路尚未建设完成。采用明挖法施工环隧（管廊）经济、快捷。因此，推荐采用明挖法施工。

5.5.2 围护结构方案比选

围护结构的设计原则是"安全适用、保护环境、技术先进、经济合理、确保质量"。常用环隧围护结构形式有自然放坡、土钉墙、桩锚支护、桩撑支护等。

结合周边地块开发的施工现状和周边既有建构筑物，采用不同的围护结构形式。

环隧（管廊）两侧地块的地下室和环隧（管廊）同步实施。环隧（管廊）施工时，地块基坑未回填，两者基坑深度相近时，采用共基坑的形式；环隧（管廊）基坑较深时，采用桩撑或桩锚方案。

环隧（管廊）邻近既有建构筑物时，优先采用桩撑支护；对侧不具备施工围护桩条件时，邻近建构筑物一侧采用桩锚支护。

环隧（管廊）两侧地块的地下室已经施工完成，且基坑已经回填，再施工环隧（管廊）时，环隧（管廊）的基坑采用桩撑支护形式。

环隧（管廊）先于两侧地块的地下工程施工，且环隧（管廊）的基坑比地块基坑浅时，则环隧（管廊）的基坑采用放坡开挖形式。

5.5.3 环隧（管廊）结构设计

5.5.3.1 标准断面

明挖环隧可采用矩形框架结构或拱形结构，其中以矩形框架结构采用的最多。矩形框架结构的最大优点是能充分利用地下空间且适用性强，布置灵活，不仅施工方法简单、技术成熟、安全可靠，而且工期短、造价低。当环隧埋深较大时，为了改善结构受力条件，应采用拱形结构。本工程环隧覆土厚度约4.5m，考虑到顶板采用拱形结构后覆土厚度过小，本工程环隧采用矩形框架结构。

综合管廊根据管线敷设需要，分成若干个舱室，各舱室间采用混凝土墙分开。综合管廊标准段采用钢筋混凝土地下箱形框架结构型式。

在本工程中，有环隧和管廊共构、分体等不同形式。

（1）上下共构

在丰登路、丰宁路和金融三路的丰登路与丰宁路之间，环隧和管廊共构，环隧在上方，管廊在下方（图5-27）。

（2）左右共构

在金融东路的丰登路与丰宁路之间，环隧和管廊水平共构，典型断面如图5-28所示。

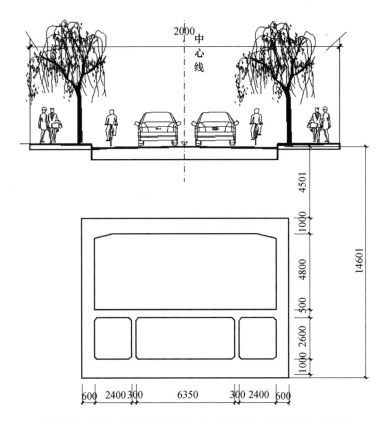

图 5-27　环隧、管廊标准断面（上部环隧，下部管廊，共构）

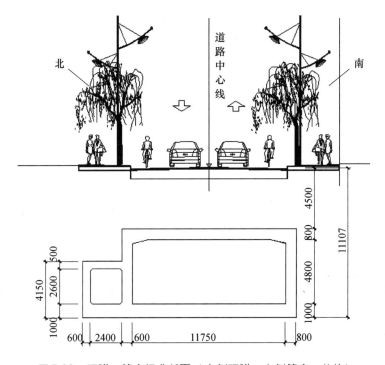

图 5-28　环隧、管廊标准断面（右侧环隧，左侧管廊，共构）

（3）上下分体

在金融三路的丰登路以南和丰宁路以北，环隧和管廊脱开，上下布置，典型断面如图5-29所示。

图 5-29　环隧、管廊标准断面（上部环隧，下部管廊，分体）

5.5.3.2　"T"形相交典型节点

上下布置的环隧和管廊，在"T"形交叉节点处，关系复杂。以丰登路—金融三路的环隧和管廊"T"形交叉节点为例，如图5-30至图5-33所示。

（1）上下分体方案

采用上下分体的方式，将环隧和管廊脱开。环隧和管廊分别能够成为闭合框架，受力简洁，结构体系明晰。

同时，考虑到环隧下方，一部分是地基土，另一部分是

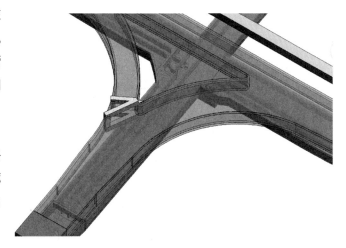

图 5-30　"T"形相交节点透视

环隧和管廊之间的土夹层，环隧下方的地基不均匀。应采取地基处理措施，减小不均匀沉降的影响。

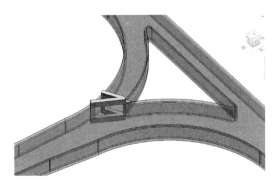

图 5-31　环隧层透视（上层）

图 5-32　管廊层透视（下层）

图 5-33　上下分体布置的侧立面

（2）上下共构方案

如果采用环隧和管廊上下共构的方式，在节点位置，管廊直线相交，环隧曲线相交，环隧和管廊的竖向构件不对齐，且竖向构件与板的位置不断变化，受力复杂。与上下分体方案比较，共构板最大弯矩是分体方案同部位处的两倍以上，共构板内力过大，结构体系不佳。如果环隧的墙体全部落地，则对管廊的功能会造成较大影响。

（3）节点方案选择

综上，推荐采用上下分体的方案。

5.5.4　围护结构设计

管廊及地下道路建设，受周边环境既有建构筑物的影响，需要结合待开发及开发中的工程建设情况、周边环境及施工时序来确定开挖和围护形式。

（1）不考虑与周边地块开发同期实施时的围护方案

环隧（管廊）两侧地块的地下室已经施工完成，且基坑已经回填，再施工环隧（管廊）时，环隧（管廊）的基坑采用桩撑支护形式。

环隧（管廊）先于两侧地块的地下工程施工时，且环隧（管廊）的基坑比地块基坑浅，则环隧（管廊）的基坑采用放坡开挖形式。

（2）考虑结合周边地块开发同期实施时的围护方案

考虑结合周边地块开发同期实施，采用不同的围护结构形式。

环隧（管廊）两侧地块的地下室和环隧（管廊）同步实施。环隧（管廊）施工时，地块基坑未回填，两者基坑深度相近时，采用共基坑的形式；环隧（管廊）基坑较深时，采用桩撑或桩锚方案。

环隧（管廊）邻近既有建构筑物时，优先采用桩撑支护；对侧不具备施工围护桩条件时，邻近建构筑物一侧采用桩锚支护。

（3）围护实施方案

考虑结合周边地块开发同期实施，能够减少围护结构的工程量，但是对地块施工和环隧（管廊）施工的干扰比较大。

本阶段围护方案推荐采用不考虑结合周边地块开发同步实施的方案。在实施阶段，可根据现场开发的施工组织等对接情况，优选实施。

5.5.5　抗浮设计

地下结构设计应按最不利情况进行抗浮稳定性验算。在进行抗浮稳定验算时，各荷载分项系数均取 1.0。在不考虑侧壁摩阻力时，其抗浮安全系数不得小于 1.05；当计及侧壁摩阻力时，其抗浮安全系数不得小于 1.15。

经计算，抗浮满足要求。

5.5.6　工程材料

环隧（管廊）为钢筋混凝土地下结构，结构设计使用年限为 100 年。

地下结构的工程材料应根据结构类型、受力条件、使用要求和所处环境等因素选用，并考虑其可靠性、耐久性、经济性。主要受力结构一般采用钢筋混凝土，必要时可采用钢管混凝土或劲性钢筋混凝土结构。

混凝土的原材料和配比、最低强度等级、最大水灰比和每立方米混凝土的水泥用量、外加剂的性能及掺加量等应符合耐久性要求，同时要满足抗裂、抗渗、抗冻和抗侵蚀的需要。宜优先采用硅酸盐水泥、普通硅酸盐水泥。混凝土强度等级按表 5-1 所示选用。

表 5-1　混凝土强度设计等级

部位	混凝土等级	抗渗等级
外墙	C40 补偿收缩性混凝土	P8
顶板	C40 补偿收缩性混凝土	P8
底板	C40 补偿收缩性混凝土	P8
内部墙、板	C40 补偿收缩性混凝土	—
环隧出入口敞口段	C45 补偿收缩混凝土（考虑除冰盐环境）	P8

防水混凝土的施工配合比应通过试验确定，试配混凝土的抗渗等级应比设计要求提高一级（0.2MPa）。

钢筋：管廊结构采用 HRB400 级和 HPB300 级钢筋。预埋件 Q235B 级钢；预埋件锚筋及吊钩严禁采用冷加工钢筋；吊环直径≤14mm 时应采用 HPB300 钢筋制作，吊环直径≥16mm 时应采用 Q235B 钢棒制作。

焊条：HPB300-E43××型、HRB400-E55××型。

钢结构一般采用 Q235 号钢，焊条 E43 型。

5.5.7　防水设计

（1）设计原则

① 防水设计应遵循"以防为主、刚柔结合、多道防线、因地制宜、综合治理"的原则。只有在漏水量小于设计的要求、疏排水不会引起周围地层下降的前提下，才允许疏排。

② 确立钢筋混凝土结构自防水体系，即以结构自防水为根本，施工缝（包括后浇带）、变形缝等接缝防水为重点，辅以附加防水层加强防水。

（2）防水标准

① 设备集中的环隧防水等级应为一级，不允许渗水，结构表面无湿渍。

② 其他环隧及连接通道等附属的隧道结构防水等级应为二级，顶部不允许滴漏，其他不允许漏水，结构表面可有少量湿渍，总湿渍面积不应大于总防水面积的 6/1000；任意 $100m^2$ 防水面积上的湿渍不超过 4 处，单个湿渍的最大面积不大于 $0.2m^2$。

（3）主要技术要求

① 迎水面及与迎水面连续浇筑的主体结构应采用补偿收缩防水混凝土进行结构自防水，防水混凝土的抗渗等级不小于 P8。

② 防水混凝土迎水面的裂缝宽度不得大于 0.2mm，背水面裂缝宽度不得大于 0.3mm，并不得贯通。

③ 防水混凝土的环境温度不得高于 80℃。

④ 施工缝的设置间距对混凝土结构的防水效果（主要为开裂渗水）有很大的影响，当侧墙采用重合墙的结构型式并设置柔性夹层防水层时，施工缝间距宜为 16 ~24m；后浇带接缝部位极易出现渗漏水现象，因此，在进行结构设计时，应尽量避免设置后浇带。

⑤ 在结构外侧设置全包柔性附加防水层，顶板防水层采用与结构表面密贴的单组分聚氨酯防水涂料，成膜厚度不小于 2mm；或直接采用与侧墙相同的防水层；侧墙和底板可选用 2 层各 3mm 厚的聚酯胎体 SBS 改性沥青防水卷材、厚度不小于 1.5mm 的聚乙烯丙纶防水卷材或单位质量不小于 $5.5kg/m^2$ 的膨润土防水毯。

（4）特殊部位的处理方法

1）变形缝防水措施

① 在变形缝部位的侧墙和底板模筑混凝土外侧设置背贴式止水带，利用背贴式止水带表面凸起的齿条与模筑防水混凝土之间的密实咬合进行密封止水，顶板无法设置背贴式止水带的部位采用密封胶嵌缝的方法进行过渡处理。

② 在变形缝部位设置中埋式止水带，可以采用钢边橡胶止水带，同时在止水带的

表面现场粘贴缓膨胀型遇水膨胀止条。

③ 变形缝内侧采用密封胶进行嵌缝密封止水，密封胶要求沿变形缝环向封闭，任何部位均不得出现断点，以免出现窜水现象。

④ 有条件时，在顶板和侧墙变形缝两侧的混凝土表面预留凹槽，凹槽内设置镀锌钢板接水盒，便于对渗漏水及时引排。

2）施工缝防水措施

① 墙体纵向施工缝不应留在剪力与弯矩最大处或底板与侧墙的交接处，应留在高出底板表面不小于300mm的墙体上。

② 环向施工缝的间距不宜过大，避免两施工缝之间的结构出现收缩裂缝引起渗漏水，环向施工缝的间距不宜大于24m。

③ 所有迎水面施工缝均宜采用中埋式钢边橡胶止水带或钢板腻子止水带进行防水处理，仅在无法安装止水带的局部采用遇水膨胀止水条进行加强防水处理，所有非迎水面结构施工缝均宜采用遇水膨胀止水条进行防水处理。

3）穿墙管件防水措施

穿墙管件（如接地电极或穿墙管）等穿过防水层的部位采用止水法兰和遇水膨胀止水条进行加强防水处理，同时根据选用的不同防水材料对穿过防水板的部位采取相应的防水密封处理。

5.5.8　重点工程方案研究

（1）环隧和管廊上跨规划地铁16号线

规划地铁16号线沿金融一路敷设，与丰宁路和丰登路综合管廊存在垂直穿越关系。其中，环隧（综合管廊）在上，地铁区间在下。

丰宁路环隧（管廊）结构与地铁区间隧道净距约1m。如果地铁区间采用盾构法先行施工，环隧（管廊）上跨地铁区间时，只能采用明挖，且开挖基坑造成大范围卸载，可能引起地铁隧道的上浮。如果环隧（管廊）先行施工，地铁区间采用盾构法或矿山法下穿环隧（管廊），对环隧（管廊）结构的沉降控制难度较大。因此，建议在环隧（管廊）结构与地铁区间隧道交叉处，采用明挖法同期施工（图5-34）。

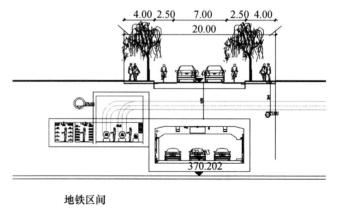

图5-34　丰宁路环隧上跨16号线区间

丰登路环隧（管廊）结构与地铁区间交叉处，由于地铁区间刚出站，其标高受控制，区间隧道高程无法下压，环隧（管廊）结构与地铁区间隧道在此处共构，采用明挖法同期施工（图5-35）。

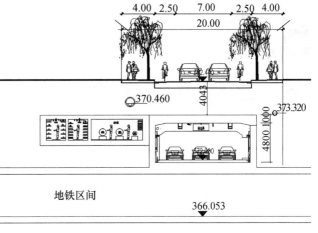

图5-35　丰登路环隧上跨16号线区间

（2）环隧和管廊临近既有建筑

丰登路环隧在金融一路至沣泾大道之间的路南侧，为西北工大附小阳光城分校办公楼。办公楼为4层框架结构。

环隧基坑深度为14.5m。按照《城市轨道交通地下工程建设风险管理规范》（GB 50652—2011）对风险源进行识别、分级和控制。风险等级为Ⅱ级。基坑采用钻孔灌注桩作为围护结构，加强支护结构刚度。同时加强监控量测，严格控制基坑变形。

由于基坑对侧放坡，临近学校一侧采用桩锚体系。桩锚的锚索伸入既有办公楼的基础下方，实施前应和相关单位协调确认。

（3）环隧下穿电力隧道

丰登路环隧在金融一路东侧，下穿沣泾大道西侧的电力隧道。在施工期间，电力隧道应保证功能，应对电力隧道进行原位保护。

1）型钢托梁方案

两侧主体结构设置横梁，并预留型钢搭设施工空间，环隧两侧设置格栅挡土。电力隧道下方通过型钢托梁对电力隧道进行原位保护。同时加强监控量测，严格控制基坑和电力隧道的变形。

2）悬吊方案

先施工电力隧道梁的围护桩，在围护桩顶设置悬吊梁，并利用钢丝绳或钢拉杆及下部托梁将隧道悬吊。同时加强监控量测，严格控制基坑和电力隧道的变形。

电力隧道和环隧交叉节点，对电力隧道的保护，推荐采用型钢托梁方案。

5.6
地下环隧通风系统

5.6.1　工程概况

地下道路主线为环形，沿丰宁路、金融三路、丰登路、金融东路布设，主线全长3871m，共设置4处进出口匝道，连接主环与出入口。与地块之间共设置13处车行联络通道，进入周边地块地下停车场，结合作为人员疏散口，另设2处独立的疏散口。单向三车道，沿逆时针方向单向交通组织；主线设置13处与地块连接的出入口。

通风分区受到地面地形、道路交通、道路断面及室外直埋管线等因素的制约，本期工程地下隧道共设置12个烟控分区。

5.6.2　设计范围

本工程通风设计包括环形车道及出入口匝道的平时通风系统，火灾时的排烟及排烟补风系统。

（1）通风及排烟系统

通风及排烟方式分为隧道的机械通风模式（分为纵向通风和横向通风方式）以及由这两种基本通风模式派生的各种组合排烟模式。本工程同时也对纵向通风与半横向通风两种方式进行方案比选。

因本项目主隧道为单洞单向行驶，匝道为单洞双向行驶或双洞双向行驶，且主隧道成环状布置，当采用纵向通风方式时，平时工况通风因环隧有多达13处于地块联络口开口，与地块相通，平时工况汽车有害气体难以有效排出隧道外。火灾工况，将隧道本体作为排烟风道，可能发生烟气在主隧道内转圈的现象，导致火源点上游人员容易受到烟气影响，不利于主隧道内烟气控制和人员疏散。当采用横向或半横向排烟方式时，可降低烟气控制难度，因此，本工程主隧道推荐采用半横向排烟方式。

地下道路主线沿丰宁路、丰登路、金融二路、金融东路呈环状，4条进出口匝道，13个与地块出入口匝道连接，车道共分为12个烟控分区。以排烟口设置虚拟烟控分区，烟控分区长度为200m左右，长度超过60m的分支车道为一个烟控分区。地下联系隧道通风系统分为平时通风系统和火灾排烟系统（图5-36）。

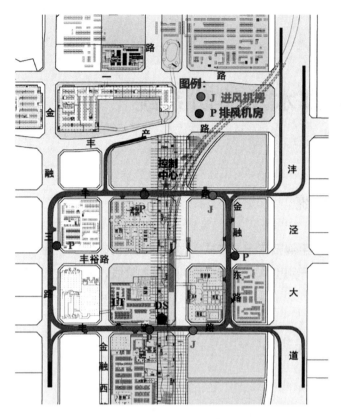

图 5-36　通风机房示意

（2）排风兼排烟系统

排风兼排烟系统的机房设置在专用机房内，由风管连接风口将空气或烟气排出室外，风井出地面后做风亭，风亭设置于市政道路人行道或地块内，风亭侧壁上开防雨百叶。风井需考虑排风亭污染物扩散，排风亭出地面具体高度待环评结果确定。人员疏散楼梯间采用开敞楼梯间形式，其前室设置自然排烟设施。

本工程通风方式采用机械进风、机械排风，主隧道采用进、排风机房间隔设置的排风半横向通风方式，由排风道排风，环形车道的顶板下设置排风兼排烟管道。排烟风口距防烟分区最远点小于30m，排风/烟口间距不超60m。排风兼排烟风机的平时通风风量按照不小于防烟分区体积的 3 次/h 换气次数，且按稀释烟尘、CO 所需风量取大值。火灾工况的排烟量按火灾热释放率计算。出入口匝道采用射流风机纵向通风，纵向通风的火灾工况排烟量按火灾热释放率与按火灾临界风速计算取大值。

（3）送风系统

环形车道的送风系统利用进风竖井与之相通，提供环形车道排风及排烟的补风。出入口匝道与主隧道接口处设置机械进风，控制烟气气流，防止出入口匝道或主隧道火灾时烟气的相互影响。进风竖井设置与道路侧分带低矮风亭，风亭口部设置防虫网。

5.7
地下环隧排水及消防系统

5.7.1　给水系统

地下道路冲洗采用清扫车干洗形式，故不设置洒水栓。

自丰宁、丰登路分别引入 2 根 DN300 的给水管线，分别接入泡沫-水喷雾泵房消防水池，作为消防补水。

5.7.2　排水系统

（1）地下道路排水

考虑到地下车道内壁的部分结构渗漏水、表面凝结水等，此外管道维修的泄漏、车辆带入雨水及消防废水排放等，由车道两侧设置地漏，下排至管廊层，由管廊层集水坑收集，统一排入市政雨污水管网。

（2）口段雨水

地下车道敞口段，均设置了雨水排水设施，暴雨强度采用咸阳暴雨强度公式计算。

$$q = \frac{6789.002 \times (1 + 2.297 \lg P)}{(t + 30.251)^{1.141}} \tag{5-1}$$

式中　q ——设计暴雨强度，$L/(s \cdot hm^2)$；

　　　t ——降雨历时，min；

　　　P ——设计重现期，年。

5.7.3　消防系统设计

（1）消火栓系统设计

地下车道为一类城市隧道，需设置消火栓系统，室外消防水量为30L/s，室内消防水量为20L/s，火灾延续时间按 3h 设计。消防供水压力应保证用水量达到最大时，最不利点水枪的充实水柱不小于10m。

地下环形车道内每间隔50m 设置消火栓，隧道内单侧设置消火栓，消火栓箱内配置喷嘴口径为 19mm 的水枪、一盘长 25m、直径 65mm 的水龙带，栓口距地 1.1m，并设置消防软管卷盘。

消防给水水源为城市市政自来水，市政供水压力为 0.3MPa，最不利消火栓栓口距离地面约 10m，满足消防供水压力及流量要求，采用常高压系统。分别从地下道路西北和东南出入口位置自市政管网接两路 DN200 的管线，经倒流防止器和水表井后，在地下道路顶板下呈环状布置。每间隔 5 个消火栓设检修用阀门。

室内消火栓系统设有 2 套水泵接合器，分别置于地下车道出入口部位，并在 15 ～ 40m 区域内设有室外消火栓，每个车道出入口处设置室外消火栓及水泵接合器。

室内消火栓管采用内外壁热镀锌钢管，沟槽连接。

（2）自动灭火系统设计

1）系统选择

根据《建筑设计防火规范》（GB 50016—2014）（2018 年版）、《城市地下道路工程设计规范》（CJJ 221—2015），本工程地下道路为一类城市隧道，宜设置水喷雾灭火系统、泡沫-水喷雾联用灭火系统。经综合比较，本工程采用泡沫-水喷雾联用系统。

2）泡沫-水喷雾联用系统的主要标准

设计泡沫-水喷雾的喷雾强度不应小于 6.5L/（min·m²），泡沫混合液的持续喷射时间不应低于 20min，总的喷射时间不应低于 60min。泡沫-水喷雾喷头工作压力不应小于 0.35MPa，主隧道喷雾区间不宜小于 25m，火灾时至少同时启动相邻两组喷雾区间。

3）系统构成及功能

在通道的整个封闭段内设置水喷雾消防系统。泡沫-水喷雾系统的作用是：扑灭初期火灾，控制火源；防止火源附近的延烧，控制火灾的蔓延；降低火场温度，保护通道主体结构及内部设施；为消防队员进攻扑救创造条件。

泡沫-水喷雾联用系统泵房共设置 2 处，分别位于地下环隧正北及正南位置，由泵房引出 1 根 DN300 的水喷雾总管和 1 根 DN70 泡沫总管敷设在隧道的侧墙内全线环通。隧道内以 25m 为一个喷雾区间，在每个喷雾区间的顶部设置近、远射程集合的喷头，喷头的性能为 K 值系数为 134，最不利点的水压力为 0.35MPa，单个喷头流量为 250.7L/min，喷水强度 ≥6.5L/（min·m²）。消防时任意相邻两组系统同时作用，将火灾区域控制在 50m 的范围内（图 5-37）。

（3）灭火器配置

灭火器的设置按《建筑灭火器配置设计规范》（GB 50140—2019）确定。地下环形车道为一类城市隧道，在隧道两侧设置 ABC 类灭火器，每个设置点不少于 4 具，每具灭火器充装量不少于 5kg。灭火器配置点间距不大于 100m。

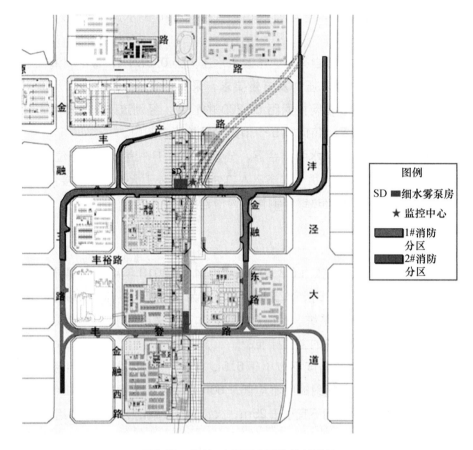

图 5-37　泡沫-喷雾灭火系统控制系统

5.8

地下环隧供电及照明系统

5.8.1　设计范围

照明设计：包括光源与灯具选择、照明布置方式、控制方式、照明配电系统等。

供电设计：包括 10/0.4kV 变配电系统、动力配电系统、接地与防雷等。

5.8.2　照明

照明系统包括洞外引导照明、入口段照明、过渡段照明、中间段照明、出口段照明、应急照明。

照明按照设计车速为 20km/h 进行设计。

洞口环境亮度及隧道内路面亮度标准：

洞口环境亮度值在工程实施过程中要按照实测值进行调整。

灯具采用隧道用 LED 灯，两侧对称布置，防护等级不低于 IP65。

紧急停车带采用显色指数高的荧光灯光源，其照明亮度应大于 $7cd/m^2$。

5.8.3　应急照明

本工程采用集中控制集中电源应急照明系统，在监控中心设置应急照明控制器主机，在地下环隧内设置集中控制 A 型集中电源，挂墙安装，应急照明控制器直接控制灯具总数量不应超过 3200 盏。应急照明控制器与集中电源、灯具之间采用通信总线传输。

5.8.4　照明控制

照明控制采用智能照明控制系统，以自动控制为主、手动控制为辅的控制方式，自动控制以时段控制方式为主，也可根据洞内外亮度进行控制。

自动控制：在正常情况下，根据环隧监控中心智能照明控制器预设的系统时间，根据全天不同时段洞外亮度及交通量，分时段对照明进行自动控制。

手动控制：操作员可以在监控值班室监控操作台上通过控制工作站实现对各照明回路的手动控制（软手动），也可以在监控值班室通风、照明控制台或照明配电控制箱上（就地）实现对各回路的手动控制。

5.8.5　供配电系统

本工程为仅限通行非危险化学品等机动车的地下环形隧道，长度大于 3000m，属于一类隧道。

（1）负荷等级

一级负荷中特别重要负荷：应急照明、交通监控设施、环境监测及设备控制设施、紧急呼叫设施、通信设施、视频监控设施、火灾自动报警及消防联动设施、中央控制设施。

一级负荷：道路基本照明、消防水泵、排烟风机、雨（废）水泵、变电所自用电等。

二级负荷：加强照明、风机设备等。

三级负荷：其余电力负荷。

（2）供电电源

供电电源电压等级采用 10/0.4kV。

地下道路变电所采用双路 10kV 供电，两路 10kV 电源要求分别引自不同的上级变电站，当一电源发生故障时，另一电源不应同时受到损坏，两路 10kV 电源同时工作，互为备用。每路电源均可带动全部负荷的 100% 运行。

本工程还设置不间断电源装置 EPS、UPS，作为应急照明和火灾报警系统、监控系统及安防通信系统的应急电源。

地下车道拟在监控中心用房内设主变电所 1 座，内设 2 台 500kVA 变压器；另外，在车道贴建 1#、2#、3# 分变电所，容量分别为 1#、3#2 台 250kVA 变压器；2# 分变电所 2 台 500kVA 变压器，总装机容量 3000kVA，各变电所供电半径控制在 500m 左右。

5.9
地下环隧通信及监控系统

5.9.1　设计理念

　　以数据流程整合为核心，适应不同应用场景，以物联感应、移动互联、人工智能等技术为支撑，构建实时感知、瞬时响应、智能决策的新型智能交通体系。建设数字化智能交通基础设施。打造全局动态的交通管控系统。建立数据驱动的智能化协同管控系统，采用交叉口通行权智能分配，保障系统运行安全，提升系统运行效率。实现能源金融贸易区道路交通"畅通、优化、转型"的总体发展战略，确保交通实现"安全、高效、便捷、绿色"。

5.9.2　设计范围

　　本设计负责地下道路红线范围内的以下各系统设计：
① 地下道路智慧管理平台。
② 智能交通管理系统：
a. 交通信号控制系统；
b. 交通信息采集系统；
c. 交通信息发布系统；
d. 电子警察系统；
e. 高清卡口系统。
③ 环境监控与设备控制系统。
④ 安全防范系统。
⑤ 火灾自动报警系统。
⑥ 通信网络系统。

5.9.3　控制管理模式

　　本设计在丰登路与金融一路交叉口西南侧地下空间设置一处地下道路交通监控中

心。交通监控系统采用两级管理三级控制模式，暂按西咸交通监控中心—地下道路交通监控中心两级管理，西咸交通监控中心—地下道路监控分中心—监控外场设备三级控制模式设计。所有外场设备通过通信网络将采集到的交通信息传输至地下道路监控分中心。

5.9.4　地下道路智慧管理平台

交通监控分中心设置统一的管理平台，集成火灾自动报警系统、安全防范系统、环境监测及设备监控系统、交通管理系统、视频监控系统、有线广播系统、无线通信系统。实现对地下隧道内的交通监控设备统一有序地协调、管理，并上传交通监控信息至上级管理平台，接受上级交通监控中心的指挥、管理与调度。

5.9.5　网络安全系统

通过网络安全系统构建安全可信的网络环境，建立安全态势感知、监测、预警、溯源、处置网络系统，打造全时、全域、全程的网络安全态势感知决策体系。

5.9.6　交通信号控制系统

本工程在隧道入口处设置信号控制机，通过中心远程控制，实现平滑交通流，控制交通有序运行。交通信号机应采集所控制路口/路段的各方向、各车道的交通数据，实现集成化管理。

5.9.7　交通信息采集系统

在隧道入口、分流匝道处设置车辆检测器，实时检测隧道内的交通参数，为信号灯协调控制提供数据支撑。车辆检测系统具备异常交通事件、异常交通行为的检测功能，可对视域内发生的事故停车、违禁停车、违法调头、车辆逆行或倒车，以及车辆闯禁区等异常交通行为或事件进行自动检测、报警、事件过程录像，从而达到排除重大隐患、降低事故等级、缩小事故损失的目的。同时，系统还具备交通参数检测功能，可对视域内交通流量、车辆速度、车道占用率、车辆排队长度等数据进行检测。

5.9.8　高清电子警察系统

电子警察系统通过前端摄像机对违法车辆进行实时抓拍，如闯红灯、压线、变道、非法掉头及超速等一系列交通违章行为，同时上传至监控中心的服务器平台，相关执法人员通过筛选对违法车辆进行警告或处罚。

系统应具有全天候检测功能：在昼、夜、雨、雪、雾等各种条件下，只要人眼能看见车辆的移动，即使在道路没有照明的情况下，只要车辆有正常的前灯或尾灯照明，即可毫无障碍地检测事件、事故。

5.9.9　高清卡口系统

在进、出隧道口处设置高清卡口系统，高清卡口系统应能准确记录通行车辆的全景图像，并对在该全景图像中的机动车特征予以提取及进行视频标签的自动叠加，系统具有机动车、非机动车、行人分类监测捕获功能（图 5-38）。

该子系统通过对公路运行车辆的构成、流量分布、违章情况进行常年不间断的自动记录，为交通规划、交通管理、道路养护部门提供重要的基础和运行数据，为快速纠正交通违章行为、快速侦破交通事故逃逸和机动车盗抢案件提供重要的技术手段和证据，提高公路交通管理的快速反应能力。

设备运行状态应能通过后台软件系统进行统一管理。

图 5-38　高清卡口系统示意

5.9.10　交通诱导系统

城市交通诱导系统是提升城市道路交通效率的重要手段。交通诱导系统是基于电子计算机、网络和通信等现代技术，根据出行者的起讫点向道路使用者提供最优路径引导指令，或是通过获得实时交通信息帮助道路使用者找到一条从出发点到目的地的最优路径。

交通诱导系统的特点是把人、车、路综合起来考虑，通过诱导道路使用者的出行行为来改善路面交通系统，防止交通阻塞的发生，减少车辆在道路上的逗留时间，并且最终实现交通流在路网中各个路段上的合理分配。

城市交通诱导系统规划包含两个子系统：一是出行诱导系统，主要向出行者和车辆提供最优的出行方式方案，在实现形式上主要由交通信息广播诱导、可变信息板诱导、车载装置诱导等构成；二是停车诱导系统，在路上设置智能标志牌，实时发布地区停车位的使用情况信息，提示司机以最快速度找到合适的停车位。

5.9.11 交通信息发布系统

交通信息发布系统主要由指挥调度中心、信息处理中心、信息交换平台、通信网络和信息发布终端组成。其中，信息交换平台接收来自指挥调度中心和信息处理中心的交通信息，通过各类信息传输渠道将信息发布到各类信息发布终端。该子系统通过交通电子屏、短信服务平台、交通广播、站场查询终端、智能手机终端等信息发布方式，及时提供公共车辆运行信息和道路交通信息，实现交通信息服务的全面化和移动化，为交通出行者提供全面、准确、便捷、及时的综合交通信息服务。

5.9.12 环境监测及设备监控

环境监测及设备监控系统主机设备包括物联网管理开放控制平台、监控工作站、服务器、打印机、网络通信设备等，对各监控设备进行统一监测、控制和管理，并完成系统设置、数据处理、能耗统计管理等工作。管理主机采用标准通信接口和协议，便于集成，能将信号送至上一级监控中心。

环境监测及设备监控系统采用 SDN + 物联网方案，在接入交换机处部署 SDN 物联网网关控制器，在隧道内每间隔 30m 部署一台物联网协调器，在环境探测传感器旁安装物联网终端耦合器，在受控设备控制箱安装物联网控制器。SDN 物联网网关控制器通过网线与接入交换机相连，物联网终端耦合器通过通信线缆与环境探测传感器相连，物联网控制器通过控制线缆与控制箱相连。SDN 物联网网关控制器、物联网协调器、物联网终端耦合器、物联网控制器之间通过物联网协议无线组网，实现环境参数采集和设备控制。

5.9.13 火灾自动报警系统

火灾自动报警系统采用集中报警系统，集中式火灾报警控制主机设在交通监控分中心。控制室内的主要设备有：火灾报警控制器、消防联动控制器、消防控制室图形显示装置、消防专用电话总机、消防应急广播控制装置、电气火灾监控器、防火门监控器等设备或具有相应功能的组合设备。发生火灾时联动关闭隧道、联动开启消防风机和照明、启动消防水泵等，并预留与城市远程消防控制中心的通信接口。

本工程结合隧道设置区域报警控制器。每台区域报警控制器负责各自报警区域的火灾报警，并接受集中式火灾报警控制主机的联动信号。火灾区域报警控制器与集中式火灾报警控制主机之间采用 4 芯光纤环网通信，消防末端点位通过消防总线与火灾区域报警控制器相连。

5.9.14　广播及紧急电话系统

本设计将隧道有线广播系统和紧急电话系统功能集成，即用同一个控制台，同一根通信电缆实现两个系统的统一控制；隧道内紧急电话既可向隧道监控所通报紧急事件信息，又可监听隧道内隧道广播效果。广播系统使用时不影响紧急电话的正常使用，隧道分机报警时，广播系统可以同时工作。为了提高系统可靠性，本系统采用光纤传输。将紧急电话系统和隧道广播系统合并为一套系统，共用一套主控机及传输光缆。

第 6 章

综合管廊工程

6.1
片区管廊规划概况

西咸新区丝路经济带能源金融贸易区二期8/9单元片区综合管廊工程，采用干线综合管廊—支线综合管廊—缆线管廊多级网络系统布局，规划形成"三横两纵"的干支缆综合管廊系统布局（图6-1）。

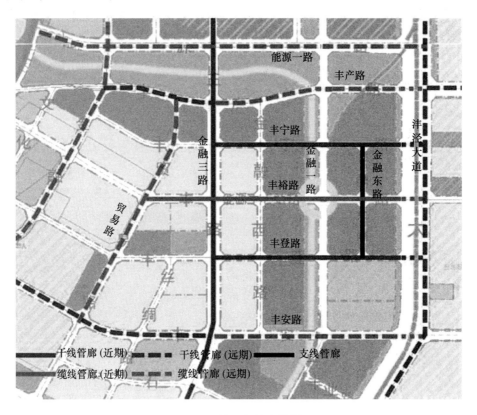

图6-1　片区内管廊规划

干线综合管廊：结合片区用地规划、道路交通规划，优化调整管线规划，在片区内形成"两横一纵"的系统布置，即结合地下道路，近期在丰宁路、丰登路、金融三路布置干线管廊，远期连接沣泾大道干线管廊，形成片区能源输送廊道。金融三路（丰宁路—丰登路）、丰宁路及丰登路综合管廊与地下环隧共构，综合管廊位于地下道路下方。金融三路（丰产路—丰宁路、丰登路—丰安路）为独立建设综合管廊，干线管廊总长度约2.16km，其中与地下道路共构段长度约1.79km。

支线综合管廊：在金融东路设置支线管廊，与丰宁路、丰登路联通，服务金融东路两侧地块。金融东路综合管廊与地下道路共构，综合管廊位于地下道路一侧，支线管廊总长度约 389m。

缆线管廊：结合电力管线和通信管线，在丰裕路（贸易路—沣泾大道）道路人行道下建设缆线管廊，采取盖板浅沟方式敷设，缆线管廊总长约 0.9km，覆土控制不小于 0.3m。

6.2
总体设计

6.2.1　设计原则

（1）管线入廊原则

根据《西咸新区丝路经济带能源金融贸易区地下综合管廊专项规划》中关于入廊管线的相关原则，同时根据道路管线负荷情况、竖向条件及周边市政设施的建设情况，并遵循以下原则确定入廊管线种类。

1）适度超前原则

根据国家相关要求，采用科学的分析方法，吸收国内外先进技术和经验，合理确定综合管廊建设的总体布局，更好地发挥综合管廊建设的环境效益、社会效益和经济效益。设计的超前性还体现在综合管廊纳入管线种类、断面设计与地下空间利用、工程建设、融资及管理模式等方面。

2）系统协调原则

综合管廊工作是市政工程设施现代化建设的重要标志，其是一项系统性很强的工程。从涉及的市政专业类型看，其至少与给排水、电力、通信、道路、热力、燃气等专业有着密切的关系。因此，综合管廊的规划、设计与建设必然要做好与上述市政各专业部门的协调。

另外，综合管廊的建设应该尽量做到与城市道路、地铁站点及其他地下空间设施建设同步实施，实现地下空间从规划、设计到实施的同步进行，实现地下空间资源利用的最大化效益。

3）远近期兼顾原则

综合管廊设计需结合现状，统一规划，分步实施，应重视近期建设规划，并且适应城镇远景发展的需要。正确处理远期与近期的关系，既要立足当前，抓住机遇，实施建设，发挥综合效益，又要考虑城市远期发展的不确定性，留足余量，做到"远近结合，经济有效"。

结合专业管线建设计划，在近远期管线容量变化较大的区域布置综合管廊。

非重力流城市工程管线应优先入廊，重力流管线可纳入综合管廊，但需因地制宜。

（2）分舱原则

在满足规范要求的前提下，各类管线宜同舱敷设，以集约断面，节省投资，但考虑到电力、天然气等管线有相应的专项技术要求，且部分管线存在相互干扰的情况，因此，管廊断面设计应满足以下原则：

① 根据各专业规范要求及各专业运行公司的具体要求，考虑电力（特别是超高压电力入舱）运行安全的要求，同时避免电力舱对电信的电磁干扰，110kV 及以上高压电力电缆应单独分舱布置。

② 考虑到金融三路 10kV 电力电缆回数较多，10kV 单独分舱布置。

③ 考虑到热力管线有保温处理，热力管道可与给水、中水及通信同舱。

（3）断面设计原则

① 综合管廊断面形式的确定，需考虑到综合管廊的施工方法及纳入的管线数量。根据国内外相关工程来看，通常采用矩形断面。采用这种断面的优点在于施工方便，综合管廊的内部空间可以得到充分利用。但在穿越河流、地铁等障碍时，有时综合管廊的埋设深度较深，也有采用盾构或顶管的施工方法。本方案推荐采用矩形管廊断面。

② 综合管廊的断面根据各管线入廊后分别所需的空间、维护及管理通道、作业空间，以及照明、通风、排水等设施所需空间，考虑各特殊部位的结构形式、分支走向等配置，并考虑设置地点的地质状况、沿线状况、交通等施工条件，以及地铁、下水道等其他地下埋设物及周围建设物等条件，做综合研究后来决定经济合理的断面。

③ 综合管廊标准断面的内部尺寸应根据容纳的管线种类、数量、管线运输、安装、维护、检修等要求综合确定。

④ 净宽方面：综合管廊内两侧设置支架或管道时，人行通道最小净宽不宜小于 1.0m；单侧设置支架或管道时，人行通道最小净宽不宜小于 0.9m。

⑤ 净高方面：考虑到人行检修及设备安装空间，综合管廊内部净高不宜小于 2.4m。

（4）入廊管线排布原则

① 重介质管道在下，轻介质管道在上。

② 小断面管道在上，大断面管道在下。

③ 电力舱高压电缆布置在下层排架，低压电缆布置在上层排架。

④ 出线多的配送管道在上，出线少的输送管道在下。

⑤ 人行通道中间布置，通道尺寸和管线间距满足管道检修和人员通过的要求。

⑥ 需要经常维护的管种贴近中间通道。

⑦ 管道与墙、管道之间间距均需满足检修要求。

⑧ 电力电缆的支架间距应符合《电力工程电缆设计规范》（GB 50217）的有关规定。

⑨ 通信线缆的桥架间距应符合《光缆进线室设计规定》（YD/T 5151）的有关规定。

⑩ 管道安装净距不宜小于《城市综合管廊工程技术规范》（GB 50838）表 5.3.6 的规定。

（5）平面设计原则

综合管廊平面布置的主要目的是明确与城市道路的位置关系，固化管廊的空间坐标。综合管廊的平面布置应遵循以下原则。

① 综合管廊方案以片区综合管廊规划为基础，以市政道路、各类市政公用事业管线和地下空间等规划为依据。

② 综合管廊线路敷设在道路下方，综合管廊中心线宜与道路中心线平行；立交、河道范围内线位根据道路、桥梁及现状管线条件布置，尽可能地避免从道路一侧转到另一侧。

③ 综合管廊平面、竖向路应充分考虑相交地铁线路、沿线建筑物地下结构、桩基础、市政管线、河流、规划地块等控制因素的影响。线路设计在满足上述原则的基础上，应尽量优化线形，本着"功能合理、造价经济、施工安全"的原则来合理设计线路。

④ 综合管廊平面定测线宜与道路、铁路、轨道交通、河道中心线平行；综合管廊穿越城市快速路、主干路、铁路、轨道交通时，宜垂直穿越；受条件限制时可斜向穿越，最小交叉角不宜小于60°。

⑤ 综合管廊宜靠近道路一侧布置，临近地块对公用管线的需求量大的一侧；干线、支线综合管廊优先设置在非机动车道、分隔带、人行道下；缆线管廊宜设置在人行道下。

⑥ 综合管廊系统平面布置满足桥桩、轨道交通、道路桥梁、河道沟渠、地下空间及市政管线的间距要求；平面转弯半径，应满足综合管廊各种市政管线（主要是热力管、电力电缆）的转弯半径及安装要求。

⑦ 人员出入口、逃生口、吊装口、通风口等附属设施需满足道路景观及功能要求。

⑧ 综合管廊方案必须综合考虑城市道路、地下空间资源的开发利用，并满足轨道交通、地下商业开发、地下环隧等整合建设的系统要求。

（6）纵断设计原则

① 满足上位规划竖向的要求，单独建设综合管廊覆土控制在3.0~4.0m，缆线管廊覆土控制在0.3~0.5m。

② 综合管廊的覆土深度应在满足技术要求的同时尽量节约投资。

③ 综合管廊纵断面应尽量与设计道路的纵断面保持一致。

④ 综合管廊的纵坡变化处应满足各类管线设计要求。

⑤ 综合管廊纵断面最小坡度需考虑沟内排水的需要。

⑥ 管廊附属设施如通风口、吊装口设置时应考虑人员操作及设备安装所需要的空间。

⑦ 管廊应满足冻土深及上部的绿化种植的覆土厚度要求。

（7）节点设计原则

根据《城市综合管廊工程技术规范》（GB 50838）规定，综合管廊的每个舱室应设置人员出入口、逃生口、吊装口、进风口、排风口、管线分支口等，且综合管廊的人员出入口、进风口、排风口等露出地面的构筑物应满足城市防洪要求，并应采用防止地面水倒灌及小动物进入的措施，加设防止小动物进入的金属网格，网格尺寸不应大于

10mm×10mm。

1）人员出入口

综合管廊人员出入口应结合后期运维管理要求，针对干线综合管廊深覆土敷设，人员出入口间距宜小于2km。

2）逃生口

敷设电力电缆的舱室，逃生口间距不宜大于200m；

敷设热力管道的舱室，逃生口间距不宜大于400m；

敷设其他管道的舱室，逃生口间距不宜大于400m。

逃生口尺寸不应小于1m×1m，当为圆形时，内径不小于1m；人员逃生口爬梯高度超过4m时，应设置防坠落措施。

3）吊装口

综合管廊内的管线是在主体结构施工完成后安装的，因此需预留吊装口，以提供管线及设备进出综合管廊的通道，满足综合管廊内管线安装、维修及更新的需求。综合管廊吊装口间距在400m左右，吊装口净尺寸满足管线、设备、人员进出的最小运行界限要求。

单独建设综合管廊吊装口需结合通风机房设置，间距不大于400m，根据场地情况设计吊装口净尺寸长×宽（7.0m×1.3m）及电力专用吊装口（1.0m×1.0m），满足管线、设备及人员最小允许限界要求。管线吊装完成后，混凝土盖板密封，同时敷设防水层及保护层，顶部填土0.5m并绿化。待下次管线吊装时，再重新打开。

4）通风口

为保证综合管廊各舱室内及平时通风事故状态下通风需求，电力舱、综合舱均采用自然进风、机械排风。每个通风区段两端分别设置排风口和进风口，相邻通风区段的进、排风口合建。

电力舱、综合舱进、排风口分别合用，采用敞口风亭，设水平防雨百叶。

5）管线分支口

综合管廊根据地块需求每隔一定距离设置管线分支口，管廊接地块分支口与环隧接地块结合设置。

分支口以道路红线为分界；连接地块的分支口采用通行廊道方式，综合管廊两侧地块内有地下空间开发时，分支口优先考虑接入地下一层；各分支口端头采用临时封堵方式，为后期管线连通预留便利条件。

6）接路口直埋分支口

根据各管线规划图，综合管廊在与规划直埋管线道路平面交汇处，通过设置分支廊及出线竖井，延伸至相交道路路口，采用在侧墙预埋柔性防水套管的方式，实现入廊管线与直埋管线连接。

7）交叉口

综合管廊与综合管廊交叉口，将综合管廊在此布置为上下两层，以解决管线的交叉、出线问题。

（8）缆线管廊设置原则

缆线管廊主要采用浅埋沟道形式，穿越道路路口段采用组合排管形式。

浅埋沟道缆线管廊的净宽、缆线支架距顶距离、层间距离、距地坪距离应符合现行国家标准《电力工程电缆设计规范》（GB 50217）的有关规定。

浅埋沟道缆线管廊主线段采用暗盖板方式，上方覆土不宜小于 0.3m。在缆线引出、管廊分支或直线段每不超过 15m 处设置可开启式盖板或井孔与井盖，可开启盖板或井盖应满足人员、缆线、安装设备的进出要求，并应具备防洪防入侵功能。

浅埋沟道缆线管廊纵向排水坡度不得小于 0.5%，在排水区间最低处宜设置集水井及其泄水系统，必要时应能便于临时机械排水。

组合排管缆线管廊的管材、管径、曲率半径等应符合现行国家标准《电力工程电缆设计规范》（GB 50217）、《通信管道与通道工程设计规范》（GB 50373）的有关规定。

组合排管缆线管廊中电力通道与通信通道可采用水平组合、垂直组合，电力通道与通信通道间距不宜小于 0.2m。

组合排管缆线管廊埋地组合排管段管顶距地面距离应能满足上方垂直交叉管线穿越、地面荷载等需求，且不应小于 0.7m。

组合排管缆线管廊在缆线引出、管廊分支或直线段每不超过 80m 处应设置工作井，封闭工作井内净高不宜小于 1.9m，空间应能满足人员进入及电缆转弯引入引出、电缆接头的安装等需求。

组合排管缆线管廊工作井井顶覆土不宜小于 0.3m，并应设置不少于 2 个引出地面的安全孔和井盖，井盖应满足人员、缆线、安装设备的进出要求，并应具备防洪防入侵功能。

组合排管与工作井应做防水处理，工作井内宜设置集水井或泄水设施，集水井的位置应能便于临时机械排水。

缆线管廊断面设计应根据控规电力工程规划、通信工程规划需求，并结合预制装配结构设计经济性要求，做到断面设计尺寸种类通用化、规格标准化。

6.2.2　入廊管线分析

根据控规方案，能源金融贸易区二期道路下主要敷设给水管道、再生水管道、污水管道、雨水管道、电力排管、通信管道、燃气管道、热力管道、缆线管廊、综合管廊。在上位规划指导下，根据因地制宜、多规融合的原则，参考国内外市政综合管廊敷设经验，综合分析片区各种市政管线入廊情况。

（1）给水、再生水

根据《西咸新区丝路经济带能源金融贸易区给水专项规划（2016—2035）》，能源金融贸易区以西南郊水厂沣渭大道、沣泾大道 DN1400 供水管道为主通道。沿丰产路、丰安路、金融三路布置 DN600 管道，作为主要接入沣泾大道 DN1400 配水干管。其余道路布置 DN400～DN300 配水支管（图6-2）。

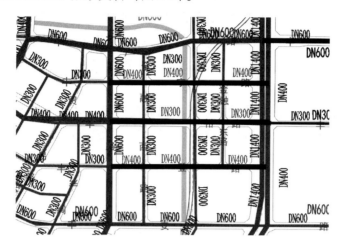

图6-2 片区内给水管线布局示意

根据《西咸新区丝路经济带能源金融贸易区再生水专项规划（2016—2035）》，西咸第一再生水厂沿西宝高铁绿化带向西以一根 DN800 管道延伸到沣泾大道。管道沿沣泾大道 DN600～DN300 形成南北向主要输水供水干管，与科统六路 DN200，丰镐大道 DN200，金融三路 DN600，能源北路 DN400 形成供水大环，确保供水安全（图6-3）。

图6-3 片区内再生水管线布局示意

再生水管沿洋泾大道、金融三路由再生水厂 DN800 出水管上分别引出 DN400、DN600 再生水管配水干管，并在金融一路、丰裕路分别引入 DN150 配水支管。

给水、再生水等压力流管道对综合管廊建设的影响较小，且管道入廊后可以有效克服直埋方式常见的渗漏、爆管、腐蚀等问题，因此，在管廊建设区域内应将给水、再生水管道统一纳入综合管廊。本工程中给水及再生水管线均纳入综合管廊内。

（2）电力、电信

根据金融贸易区原电力专项规划，考虑到远期建设用地开发情况及现状 110kV 线路改迁状况，远期能源金融贸易区 110kV 及以上线路地理接线如图 6-4 所示。在金融三路及丰安路规划有 110kV 电力线路。经与规划协商，将丰安路规划的 6 回 110kV 电力调整至丰登路或丰宁路。

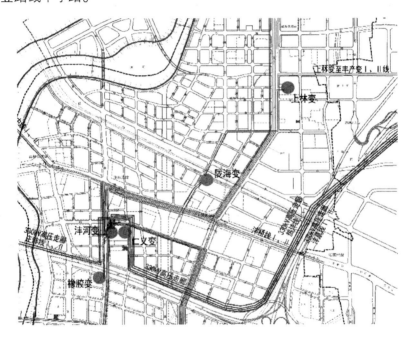

图 6-4　110kV 及以上电网地理接线

根据预测电力需求，在区域各条道路上布置 10kV 中压电力管线，其中，丰安路、丰产路、丰裕路、金融三路为 24 回、36 回干线系统。经与规划协商，将丰安路规划的 36 回 10kV 电力调整至丰宁路，丰产路规划的 24 回 10kV 电力调整至丰登路（图 6-5）。

区域电信管路规划分为 24K、18K、12K 三类不同等级，其中，丰宁路及金融三路为区域通信管线管道，其余道路为通信支线管道。具体布置如图 6-6 所示。

电力电缆、通信光缆具有可以变形、灵活布置、不易受管廊断面变化限制的优点，在综合管廊内设置的自由度和弹性较大，同时电力、通信线缆检修较为频繁，对安全性要求较高，架空线缆对城市景观影响较大，因此也应纳入综合管廊中。本工程中电力、通信管线均纳入综合管廊内。

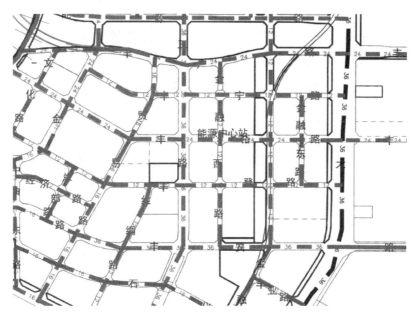

图 6-5　10kV 及以上电网地理接线

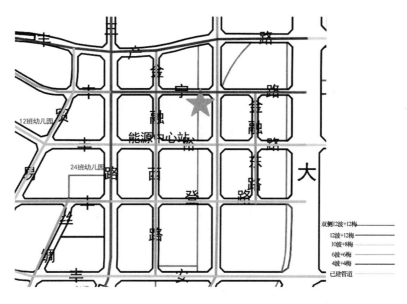

图 6-6　电信管道规划

（3）热力

根据控规方案，西咸金融贸易区规划采用多源互联互通的能源供应方式，以中深层地热能、浅层地热能、空气源热泵及污水源热泵等可再生能源作为基础能源，以天然气分布式能源站作为公共建筑基础冷热源，集中燃气锅炉房作为辅助热源，形成多能互补的供热体系。分别由 2# 和 3# 泛能站提供 DN1200 热力管接到各片区内各地块。热力管纳入综合管廊便于检修维护，因此建议纳入综合管廊（图 6-7）。

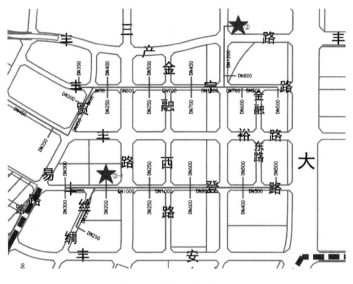

图6-7　热力管道规划

（4）燃气

根据燃气规划，区域燃气接自铁路北侧路及能源一路现有中压燃气管线，主要沿贸易路、金融三路、金融一路敷设新建燃气管线（图6-8）。

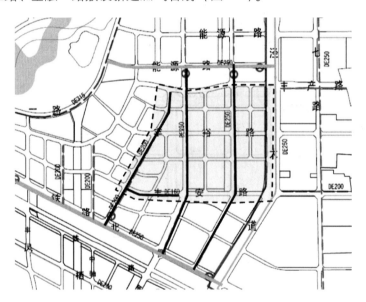

图6-8　燃气管道规划

由于片区内仅金融三路有一根中压燃气管，考虑到燃气管入廊成本较高，故本片区内燃气管不考虑纳入综合管廊。

（5）雨水、污水

本项目雨水主干管（d3500）布置在金融三路，该主干管向北排入沣河一号泵站，经提升后排入沣河。

沿丰宁路、丰裕路、丰登路布置 d1200~d2200 东西向雨水干管汇入金融三路雨水主干管；沿金融西路、金融东路、金融一路布置 d600~d1000 雨水支管接入相邻丰产路、丰宁路、丰裕路、丰登路、丰安路东西向的雨水干管（图6-9）。

图 6-9　雨水管道规划

本项目污水主干管（d800~d1000）位于金融三路，该主干管向北由能源北路自西向东，最终在尚航七路向北排入西咸一污进水主管。

沿丰宁路、丰裕路、丰登路布置 d500~d800 东西向污水干管接入金融三路污水主干管；沿金融西路、金融东路、金融一路布置 d400~d500 雨水、污水支管接入相邻东西向污水干管（图6-10）。

片区整体高差小，相对平缓。如果将雨水、污水管线纳入综合管廊，将会增加管道埋深、排水管道需设置提升本站、投资和运维费用增加等问题。因此，片区内重力流排水管线不适合纳入综合管廊。

根据片区各管线规划及综合管廊规划方案，同时结合片区用地，优化调整管线管位，各道路入廊综合管廊系统布局。

片区综合管廊系统在区域功能规划、区域地块开发规划、市政交通规划、管线综合规划的基础上形成，并结合关键节点、相关工程关系、建筑结构、附属工程、管理运营等进行研究。综合管廊路由布置在功能与经济的平衡中确定最佳走向，达到辐射最广、体系完善、功能齐全的目标。

图 6-10 污水管道规划

综合管廊系统布局，采用干线综合管廊、支线综合管廊、缆线管廊相结合的分级布局方式，构建区域之间能源输配联络通道（图 6-11）。

金融三路综合管廊南起丰安路，北至丰产路，管廊总长约 0.72km，其中与地下环隧共构段 0.26km。金融三路管廊为干线综合管廊，入廊管线包含给水、热力、再生水、电力和通信。

丰宁路综合管廊西起金融三路，东至沣泾大道，管廊总长约 0.72km，其中与地下环隧共构段 0.57km。丰宁路管廊为干线综合管廊，入廊管线包含给水、热力、再生水、电力和通信。

丰登路综合管廊西起金融三路，东至沣泾大道，管廊总长约 0.72km，其中与地下环隧共构段 0.57km。丰登路管廊为干线综合管廊，入廊管线包含给水、热力、再生水、电力和通信。

金融东路综合管廊为连接丰宁路和丰登路管廊的支线综合管廊，服务于金融东路两侧地块，与金融东路地下环隧共构，管廊总长度约 0.39km，入廊管线包含给水、电力和通信。

丰裕路缆线管廊西起贸易路，东至沣泾大道，采用浅埋盖板沟的形式，过路口采用组合排管形式敷设，缆线管廊总长度约 0.9km，纳入电力和通信管道。

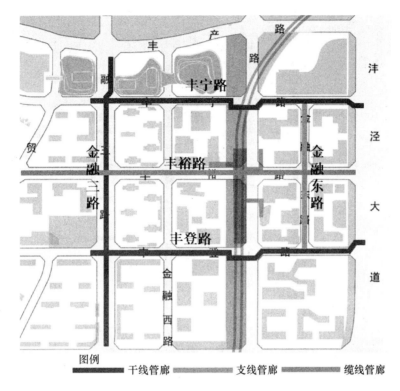

图例 ▬▬▬▬ 干线管廊　▬▬▬▬ 支线管廊　▬▬▬▬ 缆线管廊

图 6-11　管廊位置分布

金融三路综合管廊（丰安—丰登）标准断面含有高压电力舱、中压电力舱和综合舱。其中，高压电力舱纳入 6 回 110kV 电力电缆，中压电力舱纳入 36 回 10kV 电力电缆，综合舱纳入 48 孔通信线缆、1 根 DN600 给水管和 1 根 DN600 再生水管。

金融三路综合管廊（丰登—丰宁）标准断面含有高压电力舱、中压电力舱和综合舱。其中，高压电力舱纳入 6 回 110kV 电力电缆，中压电力舱纳入 36 回 10kV 电力电缆，综合舱纳入 48 孔通信线缆、1 根 DN600 给水管、1 根 DN600 再生水管，预留 2 根 DN600 管位。

金融三路综合管廊（丰宁—丰产）标准断面含有中压电力舱和综合舱。其中，中压电力舱纳入 36 回 10kV 电力电缆，综合舱纳入 48 孔通信线缆、1 根 DN600 给水管、1 根 DN600 再生水管。

丰宁路综合管廊标准断面含有高压电力舱、中压电力舱和综合舱。其中，高压电力舱纳入 6 回 110kV 电力电缆，中压电力舱纳入 24 回 10kV 电力电缆，综合舱纳入 48 孔通信线缆、1 根 DN600 给水管、2 根 DN1000 热力管。

丰登路综合管廊标准断面含有高压电力舱、中压电力舱和综合舱。其中，高压电力舱纳入 6 回 110kV 电力电缆，中压电力舱纳入 36 回 10kV 电力电缆，综合舱纳入 18 孔通信线缆、1 根 DN600 给水管、2 根 DN1000 热力管。

金融东路综合管廊标准断面为单舱管廊，与地下环隧共构。管廊纳入 12 回 10kV 电力电缆，12 孔通信线缆、1 根 DN300 给水管（图 6-12）。

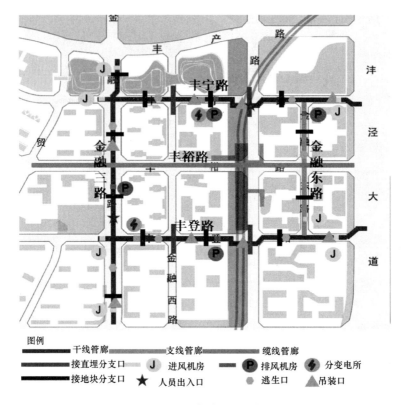

图6-12　综合管廊系统布置

能源金融贸易区规划监控中心1座，设置在世纪大道与金融三路西北角区域，不在8/9片区内（图6-13）。

图6-13　能源中心综合管廊监控中心位置示意

综合管廊系统包括平面设计、断面设计、纵断设计、节点设计及其内部正常运行需要配置消防、供电、照明、通风、排水、标识、监控与报警等附属设备系统等，满足整体运行要求。

6.2.3　断面设计

根据综合管廊断面设计原则及入廊管线种类的限定，进行综合管廊断面设计。

（1）金融三路综合管廊（丰安—丰登）

管廊为单层三舱结构：高压电力舱 + 中压电力舱 + 综合舱。其中，高压电力舱纳入 6 回 110kV 电力电缆，舱室净宽为 2.4m，110kV 排架双侧布置，排架竖向间距为 450mm，预留管廊自用和电力自用通信排架 4 排，检修通道净宽为 1m；中压电力舱纳入 36 回 10kV 电力电缆，舱室净宽为 2.4m，10kV 排架双侧布置，排架竖向间距为 3000mm，预留管廊自用排架 2 排，检修通道净宽为 1.4m，留出 400mm 出线空间；综合舱纳入 48 孔通信线缆、1 根 DN600 给水管、1 根 DN600 再生水管，给水管与再生水管中间设置检修通道，检修通道净距为 1.1m，给水及再生水管距墙距离为 600mm，双侧设置通信排架。管廊净高 2.8m，受限于中压电力舱（图 6-14）。

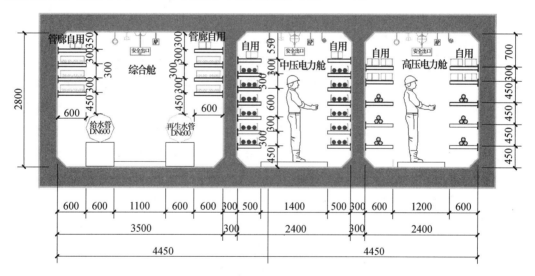

图 6-14　金融三路综合管廊（丰安—丰登）分舱布置

（2）金融三路综合管廊（丰登—丰宁）

管廊与地下环隧共构，为三舱结构：高压电力舱 + 中压电力舱 + 综合舱。其中，高压电力舱纳入 6 回 110kV 电力电缆，舱室净宽为 2.4m，110kV 排架双侧布置，排架竖向间距为 450mm，预留管廊自用和电力自用通信排架 4 排，检修通道净宽为 1.2m；中压电力舱纳入 36 回 10kV 电力电缆，舱室净宽为 2.4m，10kV 排架双侧布置，排架竖向间距为 300mm，预留管廊自用排架 2 排，检修通道净宽为 1.4m，留出 400mm 出

线空间；综合舱纳入48孔通信线缆、1根DN600给水管、1根DN600再生水管和预留
2根DN600管位，为远期管线扩容预留条件，给水管和再生水管置于舱室中间位置，
分别于两侧通信管道之间设置检修通道，检修通道净宽为1.1m。管廊净高为2.8m，
受限于中压电力舱（图6-15）。

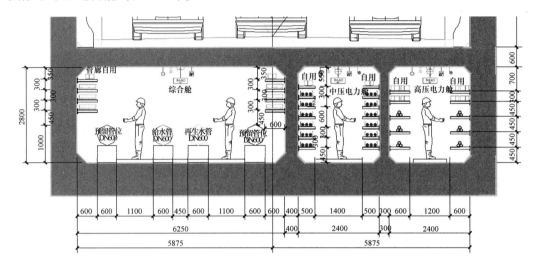

图6-15　金融三路综合管廊（丰登—丰宁）分舱布置

（3）金融三路综合管廊（丰宁—丰产）

管廊为单层双舱结构：中压电力舱＋综合舱。其中，中压电力舱纳入36回10kV
电力电缆，舱室净宽为2.4m，10kV排架双侧布置，排架竖向间距为300mm，预留管
廊自用排架2排，检修通道净宽为1.4m，留出400mm出线空间；综合舱纳入48孔通
信线缆、1根DN600给水管、1根DN600再生水管，给水管与再生水管中间设置检修
通道，检修通道净距为1.1m，给水及再生水管距墙距离为600mm，双侧设置通信排
架。管廊净高为2.8m，受限于中压电力舱（图6-16）。

（4）丰宁路综合管廊

管廊与地下环隧共构，为三舱结构：高压电力舱＋中压电力舱＋综合舱。其中，高
压电力舱纳入6回110kV电力电缆，舱室净宽为2.4m，110kV排架双侧布置，排架竖
向间距为450mm，预留管廊自用和电力自用通信排架4排，检修通道净宽为1m；中
压电力舱纳入24回10kV电力电缆，舱室净宽为2.4m，10kV排架双侧布置，排架竖
向间距为300mm，预留管廊自用排架2排，检修通道净宽为1.4m，留出400出线空
间；综合舱纳入48孔通信线缆、1根DN600给水管和2根DN1000热力管，2根热力
管之间设置主检修通道，考虑到热力管需要设置固定支架，以及方便热力补偿器运输更
换，检修通道净宽为1.65m，热力管距墙距离净距为500mm，给水管上方设置通信
管，给水管和热力管之间设置副检修通道，主要检修通信管道和给水管道，单侧检修，
检修通道净宽为0.9m。管廊净高为2.8m，受限于综合舱热力管（图6-17、图6-18）。

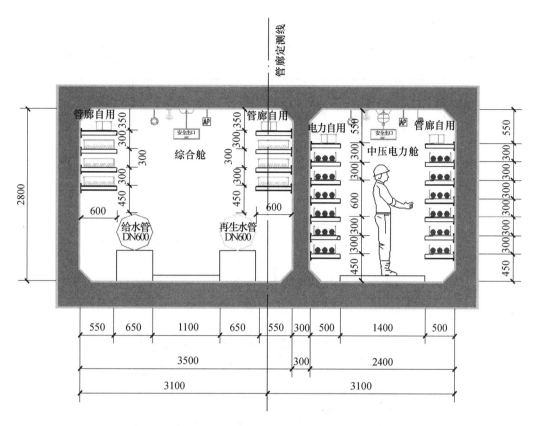

图 6-16　金融三路综合管廊（丰登—丰产）分舱布置

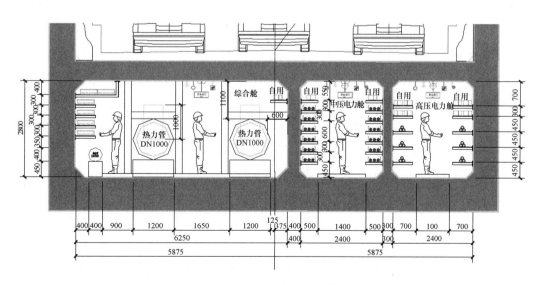

图 6-17　丰宁路综合管廊分舱布置

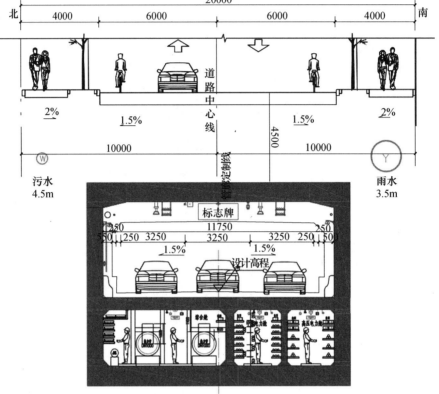

图 6-18　丰宁路综合管廊道路横断面

（5）丰登路综合管廊

管廊与地下环隧共构，为三舱结构：高压电力舱＋中压电力舱＋综合舱。其中，高压电力舱纳入 6 回 110kV 电力电缆，舱室净宽为 2.4m，110kV 排架双侧布置，排架竖向间距为 450mm，预留管廊自用和电力自用通信排架 4 排，检修通道净宽为 1m；中压电力舱纳入 12 回 10kV 电力电缆，为远期中压电力舱扩容预留条件，舱室净宽为 2.4m，10kV 排架双侧布置，排架竖向间距为 300mm，预留管廊自用排架 2 排，检修通道净宽为 1.4m，留出 400 出线空间；综合舱纳入 18 孔通信线缆、1 根 DN600 给水管和 2 根 DN1000 热力管，两根热力管之间设置主检修通道，考虑到热力管需要设置固定支架，以及方便热力补偿器运输更换，检修通道净宽为 1.65m，热力管距墙距离净距为 500mm，给水管上方设置通信管，给水管和热力管之间设置副检修通道，主要检修通信管道和给水管道，单侧检修，检修通道净宽为 0.9m。管廊净高为 2.8m，受限于综合舱热力管（图 6-19、图 6-20）。

（6）金融东路综合管廊

管廊与地下环隧共构，为单舱结构。管廊纳入 12 回 10kV 电力电缆，12 孔通信线缆、1 根 DN300 给水管。舱室净宽为 2.4m，10kV 电力电缆和通信排架分两侧布置，排架竖向间距为 300mm，预留管廊自用排架，给水管置于通信管下方，检修通道净宽为 1.2m，留出出线空间；管廊净高 2.8m（图 6-21、图 6-22）。

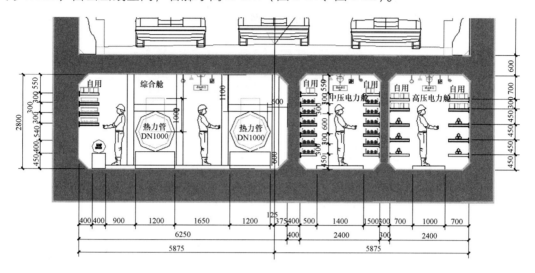

图 6-19 丰登路综合管廊分舱布置

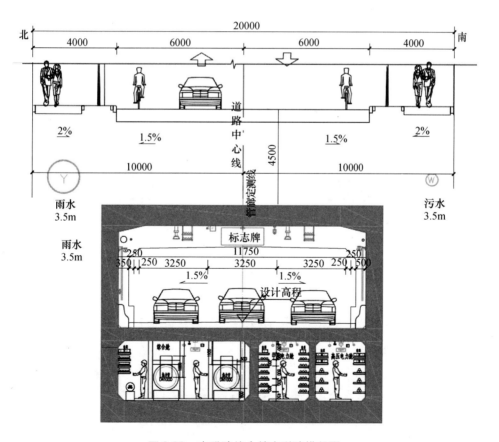

图 6-20 丰登路综合管廊道路横断面

（7）丰裕路缆线管廊

在丰裕路（贸易路—沣泾大道）设置盖板沟缆线廊，沿人行道敷设，过路口采用组合排管方式。缆线廊入廊管线规模为电力：10kV 电缆 24 回、通信：18 孔。断面结构内净尺寸（宽×高）为 1.60m×1.80m（图6-23）。

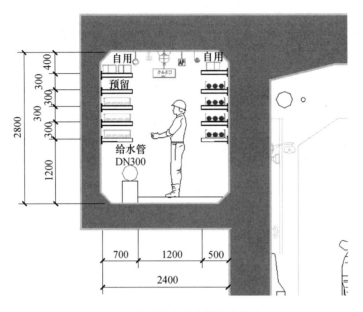

图 6-21　金融东路综合管廊分舱布置

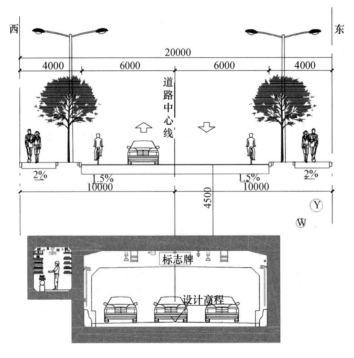

图 6-22　金融东路综合管廊道路横断面

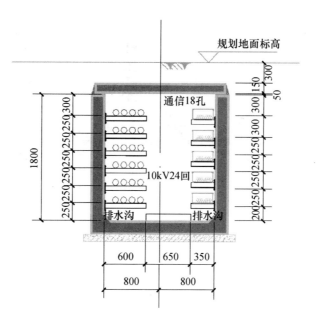

图 6-23　丰裕路缆线管廊分舱布置

6.2.4　平面设计

（1）金融三路综合管廊

金融三路综合管廊南起丰安路，北至丰产路，管廊总长约 0.72km。其中，丰安至丰宁路段管廊单独敷设，管廊中心线与道路中心线及环隧匝道中心线重合；丰宁至丰登路段管廊与地下环隧上下共构，管廊中心线与道路中线重合，共构段长度 0.26km；丰登与丰产路段管廊单独敷设，管廊过丰登路口后拐至道路东侧，管廊中心线距离道路中心线 12m。

金融三路综合管廊共设置 2 个进风机房，1 个排风机房，机房间距不超过 400m；管廊沿线设置 2 个吊装口，其中一个设置在地下环隧内。沿线设置人员出入口 1 处，结合环隧出地面楼梯设置，共设置 5 处逃生口，其中 3 处与通风机房结合设置，设置出地面逃生口，另外设置 2 处夹层逃生口。管廊沿线设置 4 处接地块分支口（图 6-24）。

（2）丰宁路综合管廊

丰宁路综合管廊西起金融三路，东至沣泾大道，管廊总长约 0.72km。丰宁路综合管廊与地下环隧上下共构，管廊中心线与道路中线重合。

丰宁路综合管廊共设置 2 个进风机房，1 个排风机房，机房间距不超过 400m；管廊沿线设置 3 个吊装口，均设置在地下环隧内。沿线设置人员出入口 1 处，结合环隧监控中心设置，共设置 5 处逃生口，其中 3 处与通风机房结合设置，设置出地面逃生口，另外设置 2 处夹层逃生口。管廊沿线设置 4 处接地块分支口（图 6-25）。

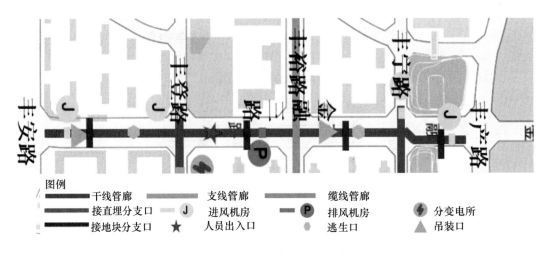

图 6-24   金融三路综合管廊平面示意

（3）丰登路综合管廊

丰登路综合管廊西起金融三路，东至沣泾大道，管廊总长约 0.72km。丰宁路综合管廊与地下环隧上下共构，管廊中心线与道路中线重合。

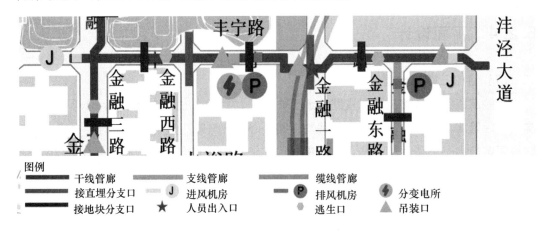

图 6-25   丰宁路综合管廊平面示意

丰登路综合管廊共设置 2 个进风机房，1 个排风机房，机房间距不超过 400m；管廊沿线设置 3 个吊装口，均设置在地下环隧内。沿线共设置 5 处逃生口，其中 3 处与通风机房结合设置，设置出地面逃生口，另外设置 2 处夹层逃生口。管廊沿线设置 4 处接地块分支口（图 6-26）。

（4）金融东路综合管廊

金融东路综合管廊西起金融三路，东至沣泾大道，管廊总长约 0.72km。丰宁路综合管廊与地下环隧上下共构，管廊中心线与道路中线重合。

金融东路综合管廊共设置几个进风机房和 1 个排风机房，机房间距不超过 400m；

管廊沿线设置 1 个吊装口，共设置 3 处逃生口，其中 2 处与通风机房结合设置，设置出地面逃生口，另外设置 1 处夹层逃生口。管廊沿线设置 2 处接地块分支口（图 6-27）。

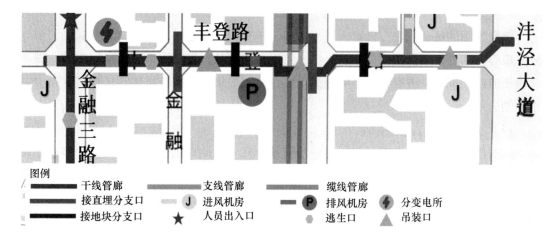

图 6-26 丰登路综合管廊平面示意

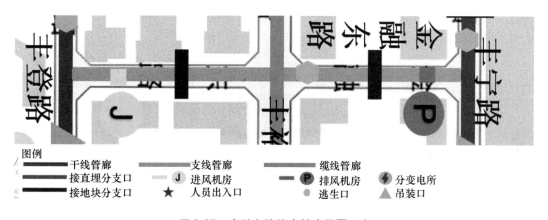

图 6-27 金融东路综合管廊平面示意

6.2.5 纵断设计

综合管廊纵坡宜与道路纵坡一致，一般情况为 2‰，困难情况不超过 10‰。

综合管廊单独建设段，管廊顶部覆土厚度控制在 4m 左右。

综合管廊与地下环隧共构段，纵断坡度满足地下道路行车要求，管廊坡度随道路坡度，纵坡在 0.2%~6.0%，地下环隧顶部覆土厚度控制在 4.5m 左右。

缆线管廊埋深考虑路面做法，在人行道下方覆土控制在 0.3~0.5m；

综合管廊纵断面最小坡度需满足舱室内排水的要求。

6.2.6 节点设计

综合管廊的每个舱室应设置人员出入口、逃生口、吊装口、进风口、排风口、管线分支口等。其中，人员出入口、逃生口、吊装口和通风口因露出地面，所以不仅应考虑与城市道路、景观系统相结合，更应满足城市防洪要求，并采取措施防止地面水倒灌及小动物进入。

（1）人员出入口、逃生口

人员出入口主要供后期运维人员日常巡检、作业时使用，可与逃生口、进风口结合设计。

本工程综合管廊共设置人员出入口2处：一处位于金融三路，与环隧出地面楼梯结合设置在侧分带中；另一处在丰宁路上，与环隧监控中心结合设置。

逃生口与送排风机房及分支口结合设置，综合舱逃生口设置间距控制在不大于400m，电力舱逃生口设置间距按不大于200m，通过夹层空间与综合舱连通，利用综合舱作为纵向逃生空间，并结合通风节点设置与地面连通的逃生口。出地面采用电子井盖，实现人员实时监控监测（图6-28）。

图6-28　人员出入口和逃生口平面位置示意

（2）吊装口

综合管廊各舱室设置吊装口，满足综合管廊内管线安装、维修及更换的要求。本工程吊装口分两种，与地下环隧共构段设置8处，在地下环隧内设置，并在非机动车道或中分带设置 1m×1m 电力吊装口，便于电力管线的吊装；管廊单独敷设段 1 处，直接出地面设置（图 6-29、图 6-30）。

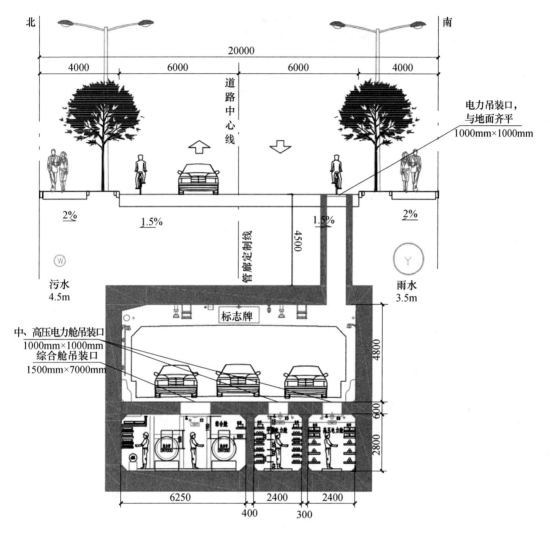

图 6-29 吊装口节点断面

（3）进风口、排风口

综合管廊的通风方式，均采用自然进风、机械排风。设置通风区段，在每一通风区段两端分别布置进风口和排风口，相邻通风区段的进、排风井及风亭合建；共设置进风井 7 座，排风井 4 座。

金融三路综合管廊出地面风口部结合道路侧分带设置；丰宁、丰登和金融东路综合管廊出地面风口将结合地块建设情况设置于道路红线外 5m 退线内。将设置于侧分带的敞口风亭与绿化融为一体，或结合相邻建筑底层公共空间外立面设置侧风口（图 6-31 至图 6-33）。

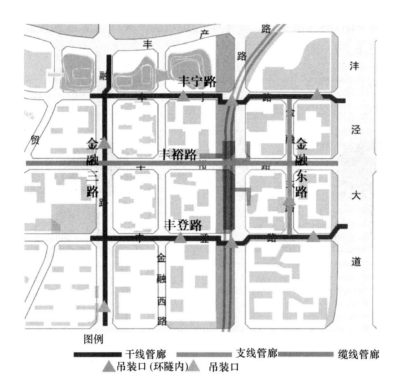

图 6-30　吊装口平面位置示意

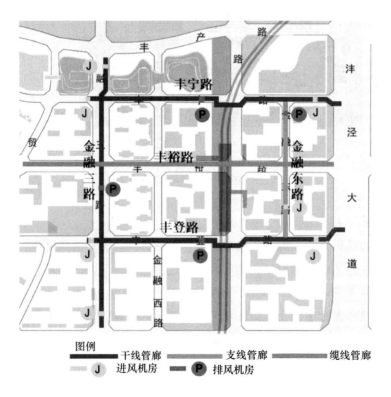

图 6-31　通风机房平面位置示意

（4）出线分支口

各路综合管廊在道路交叉口及各地块设置出线节点，出线节点共设置 20 处（图 6-34）。

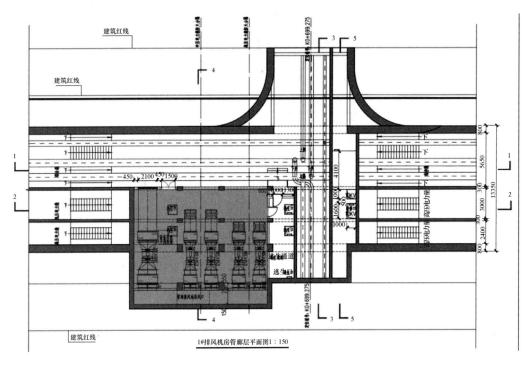

1#排风机房管廊层平面图1：150

图 6-32 通风机房平面布置

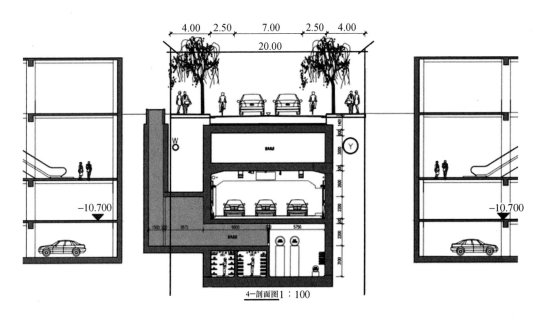

4—剖面图1：100

图 6-33 通风机房剖面

图 6-34 分支口平面布置

6.3
结构设计原则

① 结构设计应符合技术先进、经济合理、安全适用、确保质量的要求。

② 结构设计应满足工艺、电气、给排水、暖通等相关专业的设计、使用要求。

③ 结构设计分别按承载能力和正常使用阶段进行强度和变形计算（变形计算包括挠度和裂缝宽度验算），保证结构在施工及使用期间具有足够的强度、刚度和稳定性，并满足抗倾覆、抗滑移、抗疲劳、抗变形、抗裂、抗浮，以及防火、防水、防锈、防雷等要求，做到安全可靠、技术先进、经济合理。

④ 地下结构设计按最不利情况进行抗浮稳定验算。

⑤ 结构设计应根据结构或构件类型、使用条件及荷载特性等，选用与其特点相近的结构设计规范和设计方法。

⑥ 根据工程地质和水文地质条件及城市总体规划要求，结合周围地面既有建筑物、地下构筑物、管线及道路交通状况，通过对技术、经济、环保及使用功能等方面的综合比较，合理选择施工方法和结构型式。

⑦ 结构的净空尺寸应满足管线设备和其他使用及施工工艺的要求，并考虑施工误差，结构变形及后期沉降的影响。

⑧ 严格控制工程施工引起的地面沉降量，其允许数值应根据地面建筑及地下构筑物等实际情况确定，并因地制宜地采取措施。

⑨ 结构工程材料应根据结构类型、受力条件等要求选用，并考虑经济性、可靠性和耐久性。

⑩ 钢结构及钢连接件应进行防锈与防火处理；地下水对混凝土结构或钢结构有腐蚀的地段，还应进行防腐处理。

6.4
附属设施系统

6.4.1　消防系统

结合本工程的具体情况，在本次综合管廊方案中消防设计主要考虑以下方面。

（1）防火分隔

根据《城市综合管廊工程技术规范》（GB 50838—2015），电力舱、综合舱（含及不含10kV电力电缆）的舱室每个防火分隔长度不大于200m。

防火分隔采用耐火极限不低于3.0h的不燃性墙体。防火分隔处的门采用甲级防火门，其中防火门采用轻质阻燃型甲级防火门。管线穿越防火隔断部位应采用阻火包等防火封堵措施进行严密封堵。

（2）逃生设计

根据《城市综合管廊工程技术规范》（GB 50838—2015）中第5.4.4条规定，电力舱逃生口间距不宜大于200m，其他管道舱室逃生口间距不宜大于400m。

电力舱在每个防火分隔两端分别设置2个逃生口，其中一个逃生口借临沿线另一端防火门进入其他防火分隔；另一个通过结合分支口、吊装口等夹层空间进入综合舱。

（3）干粉灭火器系统

中压电力舱为E类火灾场所，按中危险级配置磷酸铵盐手提式干粉灭火器，高压电力舱为E类火灾场所，按严重危险级配置磷酸铵盐手提式干粉灭火器；综合舱（不含电力）为A类火灾场所，按轻危险级配置磷酸铵盐手提式干粉灭火器；综合舱（含电力）为A类火灾场所，按中危险级配置磷酸铵盐手提式干粉灭火器。

（4）自动灭火系统

按照《城市综合管廊工程技术规范》（GB 50838—2015）要求，本项目电力舱应设置自动灭火系统。目前国内综合管廊电力舱内采用的自动灭火设施有超细干粉、高压细水雾、水喷雾、热气溶胶等，常用的是高压细水雾及超细干粉自动灭火系统。

超细干粉和高压细水雾灭火系统各有优势：超细干粉初期投资较低，后期更换次数较多，维护费用较高；高压细水雾初期投资较低，更换周期较超细干粉较长，维护相对简单。因此，在初期投资较为充裕时，建议采用高压细水雾灭火系统；投资相对紧张时，建议采用超细干粉灭火系统。

根据目前国内现有规范和技术，经过方案比较，本项目综合管廊工程电力舱采用超细干粉自动灭火系统。

6.4.2　排水系统

本次设计在综合管廊每一个舱室内设置排水边沟，断面尺寸采用 0.3m ×0.1m，综合管廊横向坡拟采用 1.5%，纵坡不小于 0.2%。

综合管廊根据管廊纵断面，在每个防火分隔和每个低点处设置排水集水坑，电力舱集水坑采用一用一备 2 台泵，综合舱集水坑采用两用两备 4 台泵，排除各自防火分隔和低点处的积水。

排水潜污泵设置自启动装置，在集水井处设置液位控制装置，当集水井内液位到达一定高度时，水泵自动启动，将集水井内积水排入就近道路排水管道。

水泵选取：电力舱集水坑设排水潜污泵 1 台，一用，流量 10m³/h；综合舱集水坑设排水潜污泵 4 台，两用两备，其中，2 台水泵耐高温（120℃），单台流量均为 80m³/h。集水坑水泵采用 PLC 远程控制，采用高液位启动、低液位关闭的方式运行，并设置超高、超低警报水位。

综合管廊的排水就近接入污水系统，并于管道末端设置止回阀。

管廊应急排水，现补充管廊排水（应急）措施方案如下：在管廊的低点设置管道泵，发生事故时，管道泵与低点处泄水管连接，关闭截断阀，通过管道泵将事故排水接至廊外。

6.4.3　供电与照明

（1）设计范围及内容

① 用户 10kV/0.4kV 变配电系统；

② 动力配电及控制系统；

③ 照明配电及控制系统；

④ 防雷与接地系统。

（2）10kV/0.4kV 变配电系统

1）负荷等级

本项目低压负荷按其不同的用途和重要性可分为二、三级。

二级负荷：消防设备，监控与报警设备、应急照明等；

三级负荷：检修插座箱、普通照明、排风机等。

2）供电电源

本工程在靠近上级市政电源的管廊变电所引入一路 10kV 电源，各变电所之间采用树干式配电，变电所高、低压侧为单母线运行方式。

3）本工程变电所设置

按 6~8 个防火分隔（长 1.2~1.6km）为一个供电单元设置变电所，共设置 2 座，变电所与综合管廊节点机房合建的全地下形式，内置 1 台变压器，容量为 400kVA，接线为 D，yn11，Uk%=4%。变电所 10kV 电源由主变电所提供，10kV 供电半径控制在 6km 以内，0.4kV 供电半径控制在 750m 以内。

变电所 10kV 保护：10kV 变压器出线采用熔断器加负荷开关保护。

4）计量方式

在市政 10kV 电源引入位置设置高压总计量装置。在每个配电单元总配电箱电源进线处设置低压内部计量用表计。

（3）照明系统

1）正常照明

照明光源的选择：综合管廊及控制中心采用直管形 LED 灯；要求功率因数大于 0.9，应急照明选用能快速点亮的光源；照明设计应根据识别颜色要求和场所特点，选用相应显色指数的光源。

照度标准：室内照明设计和照度标准参照《城市综合管廊工程技术规范》（GB 50838—2015）及《建筑照明设计标准》（GB 50034—2013）。

综合管廊采用 10W LED 灯，灯具防水防潮，防护等级 IP54，并具有防外力冲撞的防护措施。灯具为防触电保护等级Ⅰ类设备，能触及的可导电部分与固定线路中的保护（PE）线可靠连接。灯具采用节能型光源，并能快速启动点亮。安装高度低于 2.2m 的应急照明采用 24V 安全电压供电。

2）应急照明

本工程采用集中控制集中电源应急照明系统，在监控中心设置应急照明控制器主机，在部分进、排风节点机房设置区域应急照明控制器，每 200m 防火分隔设置集中控制 A 型集中电源，任一台应急照明控制器直接控制灯具总数量不应超过 3200 个。

综合管廊设置疏散指示标志灯，安装在高度距地坪小于 1m 的墙上，如安装在墙上有遮挡时，在人员检修通道两侧采用支架或管道支墩上安装，安装间距不超过 10m，疏散照明照度不低于 5 lx。

3）照明控制

综合管廊照明采用就地配电箱控制及智能照明控制系统控制，在节点机房、支管廊人员出入口等处设置控制按钮。

消防时正常照明的切除通过断路器的分励脱扣器实现。

应急照明控制器接收火灾报警控制器或消防联动控制器的信号，通过集中电源控制灯具应急启动。

6.4.4 监控与报警系统

（1）设计范围

统一管理信息平台系统；

环境与设备监控系统；

安全防范系统；

通信系统；

预警与报警系统；

防雷接地；

线缆选型、敷设及其他；

干线、支线管廊设计以上全部监控与报警系统，缆线管廊仅在检查井井盖处设计电子井盖报警系统。

（2）设计依据、标准及原则

积极贯彻和执行国家在建筑行业的节能和可持续发展政策，做到技术先进、经济合理、实用可靠，并适度考虑发展裕量。

结合业主管理需求，规划落实各级控制管理职能，规划预留与智慧城市、各市政管理系统及城市管理系统的接口。

系统具有可扩展性、易维护性、开放性和灵活性。

综合管廊内设置现代化监控与报警系统，采用以智能化固定监测与移动监测相结合为主、人工定期现场巡视为辅的多种高科技手段，确保管廊内全方位监测、运行信息反馈不间断，达到运行维护可靠、经济、便捷、高效、绿色节能的管理目标。

本工程通信网络系统与电信运营商的设计分界点为，通信接入系统设施由电信运营商负责设计、施工。本设计负责电信配线架以下配线系统的设计，并负责预留机房、电源、接地、线缆通道等条件。

（3）控制管理模式与设备用房设置

火灾自动报警系统主机、安全防范系统主机、环境与设备监控系统主机、统一管理系统平台主机及服务器均设在综合管廊监控中心内。根据上位规划，综合管廊监控中心不在本设计范围内，因此，统一管理系统平台主机及服务器及格系统主机不在本设计范围内（图6-35）。

综合管廊采用一级管理两级控制模式，综合管廊监控中心负责综合管廊的监控、管理与指挥，综合管廊监控中心—舱内现地设备两级控制模式设计。所有廊内设备通过通信网络将采集到的信息传输至综合管廊监控中心。

综合管廊内，结合风机房位置设现场设备间。监控与报警各系统的现地区域控制单元放于现场设备间内。

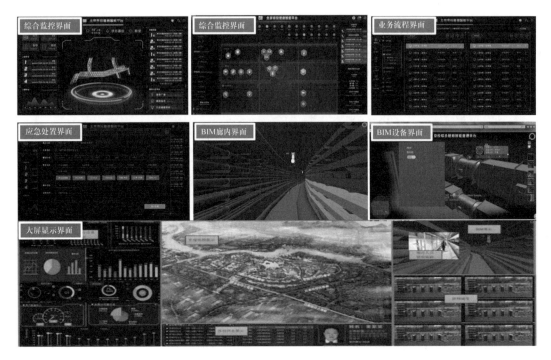

图 6-35 统一管理信息平台界面

第 7 章

地下空间工程方案

7.1
项目概况

　　本项目所在区域位置主要服务于 8 单元（都市生活）、9 单元（总部办公），区域功能定位于产城融合、职住平衡、生态宜居，总用地面积 73 公顷（图 7-1）。

　　地下空间综合利用开发区域主要位于 9 单元金融一路及沿路两侧的公共绿地内（51#、52#、59#、81#、93#地块）。其中，金融一路红线宽度 30m，南北长度约 0.81km；公共绿廊宽度 50m，南北长度约 0.8km。南北绿廊内规划了 16 号线能源中心站，计划于 2020 年 3 月实施。南北绿廊西侧规划 4 个地块，其中 58#、80#、92#地块已经出让，且 58#、80#地块已经在建，92#、53#、60#、82#地块在建筑方案阶段。94#地块为已建现状学校，95#地块未建。

　　地下综合利用开发工程与地铁工程、道路、管廊、地下环形隧道工程统一规划、统筹建设，在同一竖向空间下的多节点处理好共基坑，多工程统筹协调规划建设。

图 7-1　项目所在单元示意及效果位置

7.2

设计理念及目标

7.2.1 设计理念

理念一：可"漫步"打造互联互通的地下步行网络系统，轨道站与周边地块步行联系是主要的地下步行交通方式，公共绿地下开发步行通道，地块内部地下形成步行通道，道路下开发步行通道。

理念二：利用地下、半地下空间打造"可呼吸"的多活力复合功能场所，传统地下空间轴线空间形成连续封闭的空间场所，靠导向标识进行功能识别。创新型轴线地下空间利用地下、半地下空间形式，结合多样性的功能类别，进行场所类别组合。

理念三：以地下车站为主，构建地下多功能"集成"场所方案，如半地下室外广场、地下街；地铁站台通过立体化的设计，充分利用土地资源，为地面留出更多的绿化休闲空间。

7.2.2 设计目标

以"能源中心"车站为核心，建设服务能源金融贸易区 8/9 单元范围的综合性地下空间综合体，"世界眼光、国际标准、中国特色、高点定位"的综合利用开发空间，功能完善、充满活力的地上"绿水"交融、地下特色鲜明的上下一体化的生态空间站区，将围绕"能源中心"车站打造成为全面启动能源金融贸易区 8/9 单元开发建设的先导工程、代表西咸新区 21 世纪建设水准的精品工程和标志西咸新区迈向区域性中心城市繁荣与活力的新名片。

7.2.3 方案一（共生并至—汇粹绿廊）

（1）设计理念

本设计通过公共绿廊板块与周边用地界面的碰撞，灵活打破原有的城市边界，通过利用高差布局及功能的添加，强调公共性，激活周边商业，为市民提供多样性的城市客厅，同时创造出这个街区独有的城市形象。本设计以站城互动化、交通交流化、空间资产化为主要设计策略,实现地上地下一体化设计。

(2)总平面设计

按照规划理念,总平面以 93#、81#、50#、51#地块的城市绿廊边界渗透打破原有周边用地边界,以"能源中心"车站为核心,以休闲客厅、阳光站厅、活力客厅、文化客厅为城市客厅节点,以运动驿站、艺术花园、都市礼盒、欢乐草坪、四季集市、台地商业、冬季花园、文化工坊等为城市活力节点,以城市光廊、光之路、阳光通廊为路径,各地块分别辅以不同程度的竖向高差设计,将地铁人流与地面人流合理组织贯通,最大限度地强调公共属性、激发周边用地的商业价值,从而创造出本街区的活力与繁荣(图 7-2)。

图 7-2　总平面示意

(3)地下一层平面功能及布局

地下一层秉承站城互动化,车站即城市广场,地下车站与城市地下空间进行整合,自南往北,通过休闲客厅与阳光站厅、活力客厅、文化客厅几个节点,实现空间的延续,实现公共空间最大化,以提升城市综合公共服务功能。下沉设计既引导了地面人流,打开了周边商业界面,使原本昏暗的地下空间布满阳光成为活力场所,也满足了轨道交通消防疏散、采光通风排烟等要求(图 7-3)。

(4)地下二层平面功能及布局

地下二层开发范围主要为 51#、52#、59#、81#地块,在 51#地块与 B1 层地下公共空间及商业共同形成通高空间。地下二层在丰登路、丰宁路路口处有为局部下穿丰登路、丰宁路的空间节点,根据人流的流线配套设置少量商业开发。地下二层局部兼顾人防工程,人防平时功能为汽车车库及附属用房(图 7-4)。

（5）重要节点

文化客厅：51#地块及52#地块以文化客厅为城市客厅节点，标高 –7.00m 连接50#、53#地块地下商业，标高 –14.00m 下穿环隧实现与59#地块贯通。用地内以文化艺术展厅、冬季花园等公共开放空间为主，辅以配套的小型商业，可实现四季人流文化交流之舒适场所（图7-5 至图7-8）。

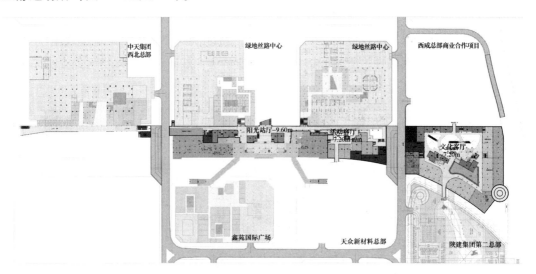

图 7-3　地下一层平面示意

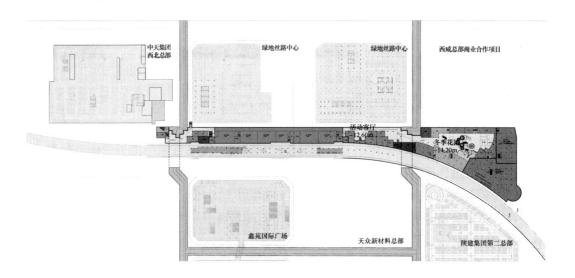

图 7-4　地下二层平面示意（局部地下三层）

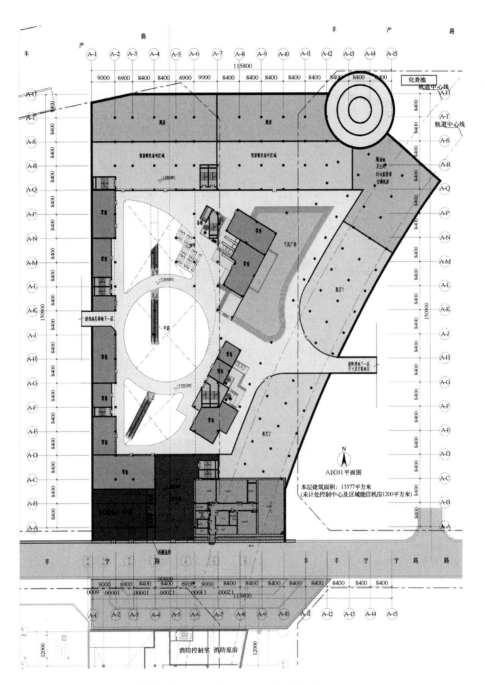

图 7-5　地下一层平面示意（文化客厅）

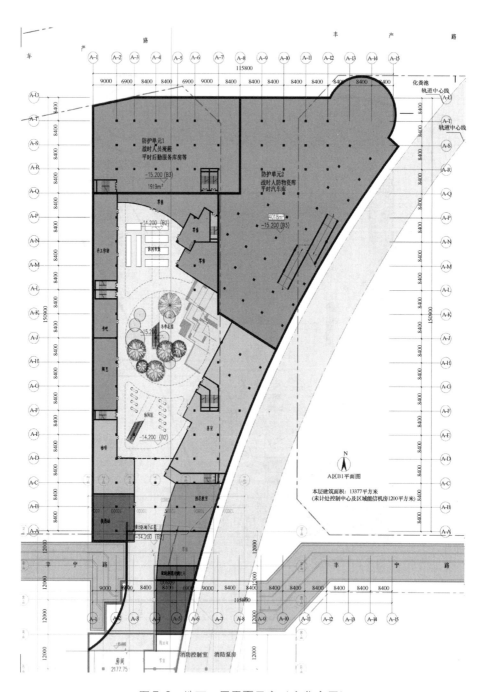

图 7-6　地下二层平面示意（文化客厅）

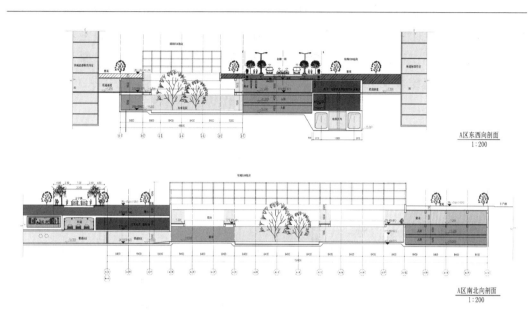

图 7-7　剖面示意（文化客厅）

图 7-8　文化客厅效果图

　　活力客厅：59#地块以活力客厅为城市客厅节点，标高4.70m的立体连廊人行通道连接了58#与60#地块，标高0.00m、 –4.20m及 –8.40m形成台地商业花园，紧密连接相邻地块，下沉设计将阳光引至标高 –12.40m，紧密联通地铁。本地块在各标高与相邻地块实现多维度互通，对地铁人流、地面人流实现非凡活力之引导（图7-9至图7-12）。

图 7-9　地下一层平面示意（活力客厅）

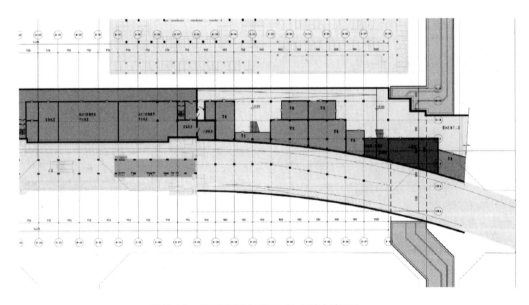

图 7-10　地下二层平面示意（活力客厅）

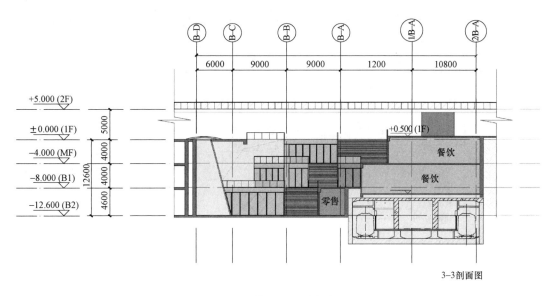

图 7-11 横剖面（活力客厅）

图 7-12 台地花园

阳光站厅：81#地块以阳光站厅为城市客厅节点，本地块在标高 −9.60m 紧密结合能源金融中心站，通过垂直交通引导进出站人流及标高 −6.00m 地下 1 层与地面层人流。设计通过大面积下沉空间将地铁出口与所相邻的全部地块实现阳光下的可视化高品质互通，极大地激发了周边地块的商业价值，实现站城互动化的设计目标。地面的都市礼盒与欢乐草坪提高了空间资源的产出效益，建立政府的可操作机制（图 7-13 至图 7-16）。

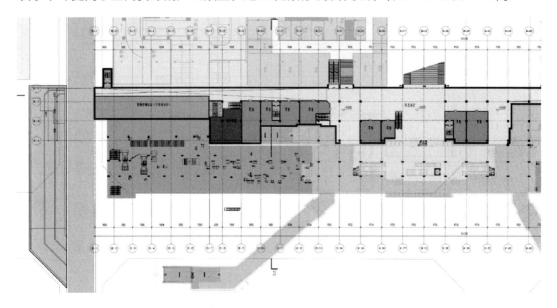

图 7-13　地下一层平面示意（阳光客厅）

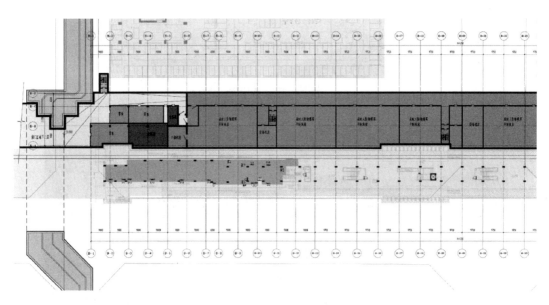

图 7-14　地下二层平面示意（阳光客厅）

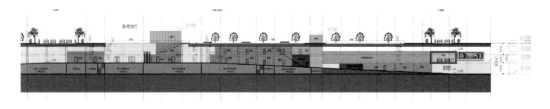

图 7-15　纵剖面（阳光客厅）

图 7-16　阳光站厅效果图

休闲客厅：93#地块以休闲客厅为城市客厅节点，以南北光廊为路径，下沉花园及步道连接地面与 92# 地块标高 –6.00m 的地下一层商业联通，并局部下穿连接 81# 阳光站厅，实现项目最南端人流与地铁的步行通道可达，地面的运动驿站及艺术花园结合光之路、阳光通廊将地下空间首层化，强调舒适、便利、通达，关注体验，提升了城市综合公共服务功能，形成可运营的社区资产（图 7-17）。

图 7-17　休闲客厅

（6）人流组织

流线设计倡导步行优先，关注体验，以场所引领流动，打造各动线节点的场所，使交通与商业网络共同布局，并提升抵离体验，以交通促进交流。

项目地下人流以地铁车站为核心。人流流向分为两大部分：第一部分是从地铁快速到达金融一路两侧的商务办公区域的人流，人流从地铁站厅层到达 59#、81#地块的地下一层阳光站厅及活力客厅，可通过地下一层的地下通道到达金融一路东西及南北两侧地块开发的地下一层空间，也可通过地下一层下沉广场的垂直交通设施（自动扶梯和疏散楼梯）到达地面，通过地面层进入开发地块的建筑；第二部分是从地铁车站出站的人流到达绿廊下的地下一层的商业开发区域进行商业体验活动，再通过垂直交通设施到达地面层（图 7-17 至图 7-19）。

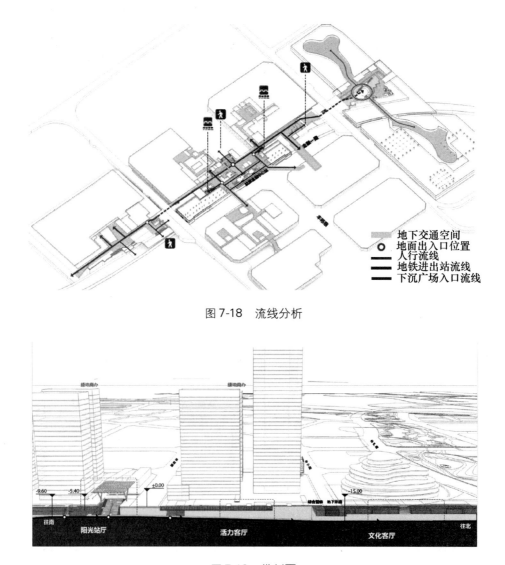

图 7-18　流线分析

图 7-19　纵剖面

7.2.4　方案二（超级立体街区）

（1）设计理念

地面：打造以慢行、生态、文化、艺术景观为主的街道生活系统。具有地形变化特征的立体景观绿廊，海绵公园街道化、慢行化的路面交通与景观系统。

地下：集地铁、商业、环隧、管廊、停车、主力商业于一体的综合集成系统，地铁主力商业统领相邻地下商业，地下环隧承担车行交通，联系 16 个地块地下综合管廊与物流系统。

（2）总平面设计

按照规划原则，地面打造以慢行系统为主的总平面设计，围绕地铁车站在 93#、81#、50#、51#地块靠近金融一路方向进行半开敞设计，靠近西侧地块方向进行慢行系统、景观设计。开敞空间一方面是满足地下消防及疏散的要求，另一方面也是满足地铁人流快速到达北侧一期建设、南侧 10 单元开发、西侧地面层的要求。开敞空间主要以下沉广场形式为主，并且结合区域整体景观设计，在每个下沉广场内设置一处景观建筑，每处下沉广场设置 1~2 处疏散楼梯，景观建筑设置 1~2 处疏散楼梯，通过空中连廊连接地面层进行疏散（图 7-20）。

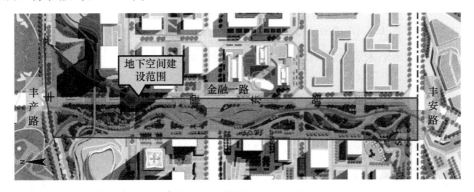

图 7-20　超级立体街区总平面

（3）地下平面总体布局

地下空间平面形成南北方向的轴线式布局方式，轴线北侧到丰产路、南侧到丰安路，与北侧东西绿廊地下停车空间及南侧 10 单元地下停车空间通过地下通道相连；地下一层设置以商业为主的综合开发利用功能。同时，地下一层地下空间在南北轴线中的北、中、南三段中分别通过若干下沉广场、绿岛、半地下建筑等创造富有活力的节点，激活以地下空间为主的建筑空间功能。

（4）地下一层平面功能及布局

地下一层为商业功能，北到一期建设的公共绿地下的地下停车场，南到 10 单元的公共绿地的地下空间，西到南北绿廊西红线，东到金融一路东红线。功能定位围绕地铁车站以丰宁路、丰登路形成北中南三段地下开发综合利用。

北段地下空间功能：根据上位相关规划主要为科技艺术功能，建筑功能为文化体验馆、艺术馆、电影院、科技体验馆。本段地下空间靠近一期建设及东西绿廊建设范围空间以小尺度的地下商业设施为主，南北绿廊及金融一路范围内的地下空间以大尺度的地下商业等综合利用开发为主。

中段地下空间功能：打造围绕地下地铁车站站点核心主力商业，包括小型商业设施及局部地下两层的通高的商业空间。打造城市级商业吸引新核心，功能以地下主力购物、酒吧茶吧及咖啡吧为主，通过上下的中庭空间解决地下空间高品质和地铁人流疏散问题。

南段地下空间功能：以休闲游憩文化为主，地下一层主要为 KTV、健身馆、教育培训、小型图书馆、艺术体验馆、小型医疗设施等内容。以服务全龄化人群为主的公共生活段，打造生活服务、教育培训等综合体验。

地下一层标高为 −8m，包括 −2m 的绿廊下的绿植种植、海绵城市及金融一路的直埋管线空间， −6m 为地下一层的商业开发空间。主要连接周围地块的地下一层、地下二层，高差范围在 1.5m 以内。

（5）地下二层平面功能及布局

地下二层为商业功能，北到丰登路，南到丰宁路，东西为绿廊东西红线范围。功能定位围绕地铁车站以丰宁路、丰登路形成北中南三段商业。

地下二层标高为 −14.2m，商业层高为 5.7m，商业层主要考虑和站厅层平层处理，方便地铁进出站人流与周边地块的地下二层或地下三层相连，高差范围在 1.5m 以内（图 7-21）。

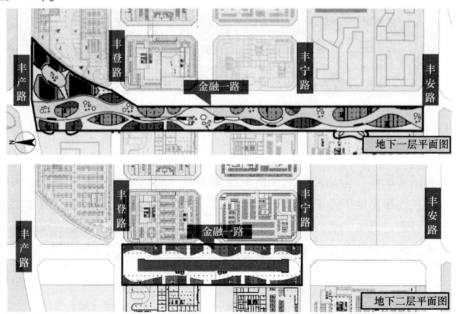

图 7-21　地下一层及地下二层总平面

（6）竖向空间

经过对南北绿廊东西两侧用地的标高分析，南北绿廊地下一层主要与地块地下二层通过下沉广场、通高大空间有效联系为主，与地下二层联系为辅，然后人流通过建筑内部进行转换（图7-22）。

图 7-22　比选方案一地下竖向剖面及效果

（7）人流组织

地下人流以地铁车站为核心，早高峰时段由南向北居多，晚高峰由北向南居多。人流流向分为两大部分：第一部分是从地铁快速到达金融一路两侧的商务办公区域的人流，人流从地铁站厅层到达59#、81#地块的地下二层的下沉广场，利用垂直交通设施（自动扶梯和疏散楼梯）到达地下一层，可通过地下一层的地下通道到达金融一路东西及南北两侧地块开发的地下一层空间，也可通过地下一层下沉广场的垂直交通设施（自动扶梯和疏散楼梯）到达地面，通过地面层进入开发地块的建筑；第二部分是从地铁车站出站的人流到达绿廊下的地下一层的商业开发区域进行商业体验活动。

7.2.5　方案比较

方案一：站区内的人流主要来源于能源中心车站，因此，把地下开发设置在客流相对集中的地方，有利于提高商业的使用率，尽量减少人从地下到地面的距离，同时地下开发尽量浅层开发，减少对工程造价和地铁的影响，方便人流使用，故地下开发优先结合车站进行相对浅层开发的方案。

方案二：将地下车站整体下压一层，对全线地铁的工期、造价影响较大，且增加了地铁人流的距离。

综合分析：推荐方案一。

7.2.6　消防设计

（1）防火防烟分区设计

本工程防火设计原则为：地下室整个区域采用无门、窗、洞口的防火墙，耐火极限不低于 2.0h 的楼板分隔为 2 个建筑面积不大于 20000m² 的区域；每个区域分别按地下商业用房不大于 2000m² 划分为一个防火分区；在上述用房中均设置自动喷水灭火系统及自动报警系统。装修材料符合《建筑内部装修设计防火规范》（GB 50222—2017）的规定。

（2）安全疏散设计

① 每个防火分区的疏散门或安全出口不少于 2 处，其中至少设置一个直通室外的安全出口，另一处可在相邻两个防火分区防火墙上设置防火门，作为另一个安全出口。

② 位于两个疏散楼梯之间的房门至疏散楼梯口的距离小于 40m；相邻防火分区用防火墙或耐火时间不小于 3h 的特级防火卷帘（满足背火面温升要求）分隔，通道上的防火卷帘旁需设置甲级防火门供滞留人员紧急疏散用。

③ 地下出入口宽度主要是指门洞总宽度，应分别满足人流、物流的正常出入和人员防灾、紧急疏散两种情况。室内地坪与室外出入口地面高差不大于 10m 的防火分区，其疏散宽度指标应为每 100 人不小于 0.75m；室内地坪与室外出入口地面高差大于 10m 的防火分区，其疏散宽度指标应为每 100 人不小于 1.0m，楼梯的宽度不应小于对应的出口宽度。

其中，地下商店营业厅的疏散人数，可按每层营业厅的建筑面积乘以人员密度指标来计算，其人员密度指标应按下列规定确定：地下一层，人员密度指标为 0.60 人/m²；地下二层，人员密度指标为 0.56 人/m²。

④ 地下空间开发疏散通道两侧如设置为玻璃维护墙时，二次装修材料选择时均应满足 1h 的耐火极限或在两侧加耐火极限为 1h 的防火卷帘。

（3）建筑构造设计

① 所有砌体墙（除说明者外）均砌至梁底或板底且不应留有缝隙。

② 设备管道穿过防火墙、楼板时，应采用不燃烧材料将其周围的缝隙填塞密实，水泥砂浆封口。穿过防火墙处的管道保温材料应采用不燃烧材料。防火墙上设备留洞的背面用相当于防火墙耐火极限的防火板封堵。

③ 所有防火门采用钢质防火门，所有防火卷帘采用特级防火卷帘（满足背火面温

升要求），并加闭门器自行关闭，可在二次装修时施工，但防火门及防火卷帘位置不能挪动，其防火等级也不能降低。装修设计如需改变防火分区，则必须符合建筑设计防火规范的要求。

④ 防火卷帘采用双轨双帘无机复合，其耐火极限应等同于所在墙体的耐火极限。

⑤ 防火卷帘应安装在建筑的承重构件上，卷帘上部如果不到顶，应采用与墙体的耐火极限相同的防火材料封闭。

⑥ 防火墙和公共走道上疏散用的平开防火门应设闭门器，双扇平开防火门应安装闭门器和顺序器，常开防火门须安装信号控制关闭和反馈装置。

⑦ 所有管道井壁均为不燃烧体，耐火极限≥1h。除风井外，待管道安装后，在每层楼板处用后浇板做防火分隔。

⑧ 消火栓安装在防火墙上时应在箱子背后进行特殊处理，刷 5 厚防火漆，并加双层 10 厚防火板材，保证耐火极限为 3h。

⑨ 消防控制室、消防水池及泵房设置在地下一层。

⑩ 地下库房内禁止储藏可燃危险物品。

⑪ 地下空间开发内装修按《建筑内部装修设计防火规范》的规定，燃烧性能不低于规范中 "3.3.1" 的规定，地下车库不低于规范中 "3.4.1" 的规定。

7.3
结构设计

7.3.1 结构方案

采用现浇钢筋混凝土框架结构，主要柱距 9000mm × 8400mm。绿廊的宽度约50m，长度约800m。绿廊以地下一层为主，局部地下两层。

超长结构每隔30 ~ 40m 设置后浇带，后浇带宽为 800mm，后浇带处的钢筋必须贯通，不得截断，待两侧混凝土浇筑完毕至少45d 后，将两侧的混凝土表面凿毛，用高一等级的补偿收缩微膨胀混凝土（若为顶底板、外墙则为防水混凝土，抗渗等级为 P8）进行浇筑封闭，并加强养护。

在地面标高以上的下沉广场屋面以及景观构筑物，采用钢结构。

7.3.2 地基及基础

主要持力层为4 层中砂，5 层粉质黏土，6 层中砂。采用天然地基。绿廊下沉广场部位，当抗浮不满足时，采用抗拔桩方案。

基础采用筏板基础。基底标高约为 373.5m，局部约为 366.5m。

绿廊西侧为绿地 D 地块的 D3#办公，D4#LOFT 和地下车库。基础底标高约为367.78m，绿廊东侧为规划地铁 16 号线的能源中心站和区间。基底标高约为 365.5m。

在项目实施过程中，应先施工基础埋深大的绿地 D 地块和地铁能源中心站，然后施工绿廊。

局部埋深较浅部位，基底落在②层黄土状粉质黏土上时，应将②层土全部挖除，采用换填的地基处理方案。

7.3.3 主要结构材料

（1）混凝土
强度等级 C40，抗渗等级 P8。
（2）钢筋
采用 HRB400 级和 HPB300 级钢筋。预埋件 Q235B 级钢；预埋件锚筋及吊钩严禁采用冷加工钢筋；吊环直径≤14mm 时应采用 HPB300 钢筋制作，吊环直径≥16mm 时应采用 Q235B 钢棒制作。

（3）焊条

HPB300－E43xx 型；HRB400－E55xx 型。

（4）钢结构

一般采用 Q235 号钢，焊条 E43 型。

7.3.4　围护结构设计

围护结构的设计遵循"安全适用、保护环境、技术先进、经济合理、确保质量"的原则。

绿廊西侧为绿地 D 地块和 B 地块。其中 D3#办公，D4#LOFT 塔楼和两层地下车库；B 地块为塔楼和两层地下车库。B 地块的基底标高约为 376.2m；D 地块的基底标高约为 367.78m 和 371.48m。

绿廊东侧为规划地铁 16 号线的能源中心站和区间。基底标高约为 365.5m。

绿廊的基坑，应结合地铁和 B、D 地块的开发。

绿廊和地铁基坑之间，采用桩撑支护，先施工地铁结构主体至绿廊基底标高以上之后，绿廊开始主体结构施工。

绿地 D 地块的建筑物为地下三层，筏形基础，基坑深度比绿廊的基坑深度要深，基底标高 367.78m，采用桩锚支护，已开挖至接近基坑底面。应先施工基础埋深大的绿地 D 地块，且施工至高于绿廊基底标高之后，然后破除 D 地块的围护桩，再进行绿廊的施工（图 7-23）。

绿地 B 地块的基坑深度和绿廊的基坑深度相近，可共基坑，同步施工。

图 7-23　绿地 D 地块基坑现状

7.4

给排水与消防设计

7.4.1　给排水

7.4.1.1　水源及市政条件

从丰登路/丰宁路支管廊引入两路 DN200 给水管进入项目内作为本工程的给水水源，经总水表计量后作为本项目生活用水和消防用水，市政水压 0.28MPa。

从丰登路/丰宁路支管廊引入一路 DN100 再生水管进入项目内，作为室外绿化浇洒及商业卫生间冲厕，市政水压 0.17MPa。

7.4.1.2　系统说明

（1）生活给水系统

1）水质处理

市政自来水水质参数暂按满足《生活饮用水卫生标准》（GB 5749—2006）考虑，本项目生活用水不再设置水质净化及软化处理。

根据《二次供水工程技术规程》（CJJ 140—2010）第 6.5.1 条规定，二次供水设施的水箱应设置消毒措施，故设置紫外线消毒装置作为消毒杀菌之措施。

2）泵房设计

地下二层设置生活水泵房。水泵房内设置总计量水表及紫外线消毒器。

3）系统说明

① 给水系统由市政管网直接供水。

② 压力分区控制在 0.10~0.45MPa。

③ 超过 0.2MPa 的支管设置支管减压阀。

（2）生活热水系统

① 商业区域公共卫生间采用分散热水供应方式，采用电热水器提供热水。

② 厨房采用分散热水供应方式，每个厨房采用商用电热水器提供热水。

（3）中水系统

中水系统采用市政再生水管网直接供水，在地下二层设置中水水表间，中水用于室外绿化浇洒及商业卫生间冲厕。

系统分区等同给水系统。

（4）排水系统

① 商业业态排水采用污、废合流系统，±0.00 以下区域采用压力排水方式。

② 公共卫生间视具体情况适当设置环形通气。主力餐饮等中餐厨房预留专用通气立管，较长的厨房排水管道，做环形通气。隔油间、污水间预留通气管。

③ 商业餐饮厨房的含油废水经室内星盆下方一次隔油器处理后，排入隔油间一体化油脂分离器，进行二次隔油处理后由提升设备提升排入市政排水管网。

④ 卫生间地漏采用直通式地漏，下设存水弯，水封深度不小于 50mm。

⑤ 地下公共卫生间排水采用密闭式一体化提升设备，设置在单独的污水间内。

⑥ 所有生活污水经室外管网收集后经化粪池处理排至市政污水管网。

（5）雨水系统

① 屋面雨水管道系统按重现期 P=10 年设计。

② 地面雨水重现期 P=3 年。

③ 下沉广场及出入口按重现期 P=50 年设计。

④ 步行系统出入口排水：在入口处及坡道末端各设置雨水沟排放坡道的雨水，防止雨水流入出入口。出入口处雨水沟直接与室外雨水管网相连，坡道末端处雨水沟雨水排至集水坑，再由潜水泵提升至室外雨水管网。

7.4.1.3　系统计量

给水系统采用如下方式计量：

① 本项目地块总水表、商业业态水表均采用机械水表计量。

② 给水系统每个区的供水干管上均设置水表计量。

③ 餐饮厨房等独立经营区设置水表单独计量。

④ 设备机房补水管等处设置水表单独计量。

7.4.1.4　节水、节能措施

① 所有卫生洁具均采用满足《节水型生活用水器》（CJ/T 164—2014）标准的用水器具。

② 消防水池等均设报警装置，防止进水管阀门故障时，水池长时间溢流排水。

③ 景观绿化采用微灌、滴灌等节水器具，绿化浇洒系统采用湿度传感器或根据气候变化的调节控制器等自动控制其启停。

④ 采用防止管网渗漏的措施：使用符合国家标准的管材和管件；选用性能高及零渗漏的阀门；选用高灵敏度计量水表；合理控制管道埋深，做好管道基础及覆土。

⑤ 道路冲洗采用节水型高压水枪。

⑥ 充分利用市政供水压力，供水系统中配水支管处压力大于 0.2MPa 者均设支管减压阀，控制各用水点处水压 ≤0.2MPa。

7.4.1.5 抗震设计

① 管径大于等于 DN65 的给水管、消防管水平管道均应采用抗震支吊架。

② 生活给水管及中水管的干管及立管采用强度高且具有较好延性的金属复合管材。重力排水管采用柔性接口机制排水铸铁管。

7.4.1.6 人防设计

人防给排水按照《城市地下空间兼顾人民防空工程设计规范》（DB 61/T 1229—2019）设计，人员临时掩蔽工程战时人员饮用水量标准为 3~6 L/（人·d）、贮水时间为 3 天，采用成品桶（瓶）装水。给水管采用钢塑复合管。

污废水采用机械排出。排水管道采用热镀锌钢管。兼顾人防工程应贮存口部洗消用水，不贮存人员洗消用水。冲洗水量按 5 L/m² 冲洗一次计算，设置供墙面及地面冲洗用的冲洗龙头，并配备冲洗软管，其服务半径不超过 25m，供水水压宜大于等于 0.2MPa。洗消废水集水坑不与其他区内的集水坑共用，单独设置集水坑。

7.4.2 消防设计

（1）消防水源情况

从丰登路/丰宁路支管廊引入两路 DN200 给水管进入项目内作为本工程的给水水源，经总水表计量后作为本项目生活用水和消防用水。

（2）系统说明

1）消防用水量

消防用水量根据国家规范计算，如表 7-1 所示。

表 7-1 消防用水量

系统	流量 （L/s）	火灾延续时间 （h）	用水量 （m³）
A. 室内消火栓系统	40	2	288
B. 自动喷淋系统	40	1	144
C. 大空间智能型主动喷水灭火系统	30	1	108
地下消防水池有效储水量（A+B）	—	—	432

注：① 可能同时作用的室内消防系统为室内消火栓系统、自动喷淋系统。
　　② 上述消防水池储水量均为水池的有效容积。随着建筑方案的深入，消防系统的用水量可能会发生变化，消防水池储水量（有效容积）会相应发生变化。

2）消防泵房

消防泵房设置在 -10m 以上的地下楼层内，设置满足设备安装及运输的甲级防火门，疏散门直通室外安全出口。

根据专项规划市政给水管网为环状布置，供水安全性较高，同时地下建筑基本位于市政道路下方，故建筑室外消防水量由市政消火栓供水。

（3）消防排水

本项目在建筑底层设置集水井，集水井设置潜污泵，所有疏散通道、疏散楼梯、消防电梯底部、建筑平面凹位均考虑排水设施，排水设施的数量保证每个防火分区全部集水井、潜污泵同时开启时的排水能力均能满足最大消防水量的排水能力。

系统线槽（OA）及穿管暗敷设。

（4）电源

有线电视系统的电源采用电视前端机房内的专用电源，并采用独立回路配电。

（5）广播系统

① 工程广播系统采用传统式公共广播系统，由音源设备、功率放大器、控制设备、传输线路、扬声器等组成。消防应急广播与业务广播、背景广播分设功率放大器及控制装置，合用扬声器和传输线路，系统的主机设于消防控制室。火灾情况下，系统由火灾自动报警系统联动控制对全楼播放消防应急广播，消防控制室可自动或手动将相应广播分区强制切换为消防应急广播。

② 系统采用 100V 定压系统。要求从功放设备的输出端至线路上最远的扬声器的线路衰耗不大于 1dB（1000Hz 时）。

③ 系统的普通广播功放总功率应大于商业部分公共区域的全部扬声器功率的 1.3 倍。

④ 在门厅、电梯厅、公共走道、营业厅等场所设广播扬声器，保证从一个防火分区内的任何部位到最近一个扬声器的距离不大于 25m。

⑤ 广播分区在满足火灾应急广播区域划分的前提下，也应满足建筑功能区域划分的需要，实现不同的广播分区可以播放不同的广播内容。正常情况下，系统可根据广播优先级对所需的分区或全部分区播放背景广播、业务广播、寻呼广播。

（6）无线对讲系统

本建筑设有数字常规无线对讲系统，为本建筑内保安及管理人员使用。在安防监控中心设数字中继台、收发器、双工器，各层弱电井内设功率分配器，各层弱电间内设功率分配器，各层设小型室内天线覆盖整个室内空间。保安及管理人员可通过手持机与总台相互呼叫、对讲。

第 8 章

景观绿化方案

8.1

总体构思与布局

8.1.1　项目设计的指导思想

　　绿化带建设力求在总体规划中实现经济、社会和环境三大效益综合优化，使绿地景观带提升达到功能合理、投资经济、节能省地、分期滚动发展，而又相对完整；使中央绿地景观带提升的发展具有科学性、现实性、合理性和超前性。

　　根据绿地公园的环境特点，与周边建筑及下沉空间设计寻求简洁、清晰的布局结构，实现下沉空间与道路、绿地环境的融合。树立建设环境先行的理念，使轴向面布局与组团式结构做到有机结合，功能分明。实现环境生态化，景观园林化，建筑功能现代风格化，立体造型艺术化。

8.1.2　总平面布置

　　中央绿地公园建设工程规划方案的特点在于：因势利导、布局合理；功能分区明确、使用方便；整个方案设计，使绿地、建筑、环境等达到了和谐统一的整体景观效果。

　　整体布置着重考虑平面形式与内容的统一，结合各组团地理位置、地形特点及重要性而采用相对集中的方法进行布置。

　　注意突出整体绿地公园风格的协调，同时着重体现自身形象，形成整个公园的视觉重点。根据不同的功能要求，采用形态各异的外部公共空间，达到在建筑形态上以视觉和物质的方式相互连接成网的一种极为自然的距离和位置关系，丰富景观效果，充分体现各组团的独特风格。

8.1.3　工作思路与设想

　　本项目秉持功能融合、特色活力、公共开放、绿色低碳的理念。功能融合，即商业、休闲、休憩等各项功能充分融合，有利于园区总体环境提升并满足园区内人群的各种需求；特色活力，即有标识性、可展示园区的活力形象，协调而多样性的高品质区域空间；公共开放，即具有公共的活动、休憩与文化展示空间，便捷开放的公共步行环境；绿色低碳，即体现绿色、生态、低碳的理念。

景观的总体构思和建筑设计相辅相成，共生并至，荟萃绿廊：灵活地打破原有的城市边界，通过利用高差的设计及布局的添加，强调公共性，激活周边商业，为市民提供多样的城市客厅，同时创造街区独有的城市形象。

景观布局配合建筑的"光之路—阳光连廊"，在连廊外打造一系列公共活动空间，配合建筑的业态及空间定位，打造富有特别主题的充满活力的立体景观空间。最南侧93#地块是光之廊的起点，配合周边的学校和建筑功能，将地块打造成休闲运动客厅。南侧80#地块为地铁主要出入口打造了阳光站厅，出站就是阳光下沉广场和自然采光的商业建筑。北侧58#地块营造了丰富的容纳生活场景的活力客厅。最北侧地块通过打造室内采光的冬季花园，打造地块的文化客厅（图8-1）。

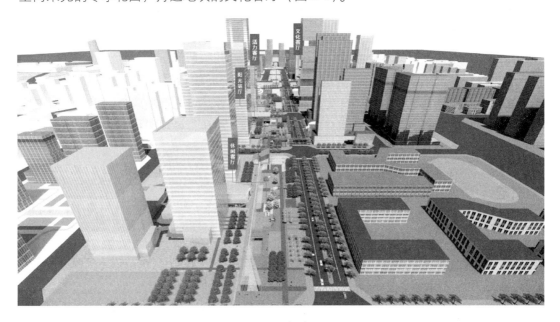

图 8-1 鸟瞰图

按照上述项目规划思路，本项目建设原则为：

① 严格遵守和执行国家现行方针政策和技术标准、规范，力求技术先进、安全适用。

② 坚持以人为本的原则。充分考虑建筑与城市道路、周边学校和周围环境的关系，确保公园主体建筑有最佳位置和良好朝向。充分利用建筑用地，因地制宜，力争最大利用率。合理布置道路和基地出入口，重视绿地规划，确保环境质量。

③ 突出科技和绿色。本项目的建筑将科技感与绿色环保相融合，践行绿色建筑、清洁能源理念，建筑空间采用预制装配式雨水回收系统等先进理念，同时采用清洁环保的太阳能薄膜光伏发电为主要能源，既绿色环保，又彰显现代化智慧特色。

④ 保证设计质量，使之符合使用功能、安全、卫生、技术、经济及体育工艺等方面的基本要求。为人们创造良好的休闲与游憩环境，并通过举办一些活动吸引更多市民的参与。

8.2
方案设计

　　景观方案设计注重建筑室内外的有机互动，创造立体的景观空间，增加商业的绿化和采光，同时通过对各种动线及活动空间的设计，打造丰富的空间体验。

　　休闲客厅：将整个场地做成下沉景观空间，使得西侧的 B 商业首层化，大大增加商业的舒适度和价值，同时利用高差结合建筑的功能，打造运动驿站及艺术花园。运动驿站为周边办公人群提供了有趣的运动场地，艺术花园为周边建筑的地下大堂打造了富有品质感的对景空间（图 8-2 至图 8-6）。

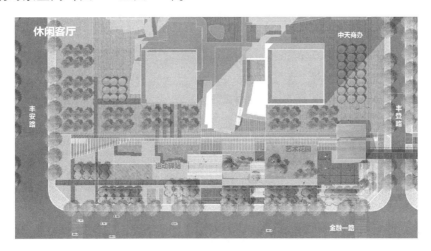

图 8-2　休闲客厅平面示意

图 8-3　从南往北看光之路入口效果图

图 8-4 从北往南看艺术花园效果图

图 8-5 运动驿站效果图

图 8-6 艺术花园效果图

　　阳光站厅：阳光站厅对两个地铁出入口做了独特处理，北侧的阳光站厅将地铁出站直接连接至下沉广场和商业密集的区域，营造商业和公共活动交融的空间。南侧地铁出口配合连桥及构筑物创造可以办户外活动的都市礼盒。同时，地块中心的欢乐草坪为使用者提供了活动空间（图8-7 至图8-9）。

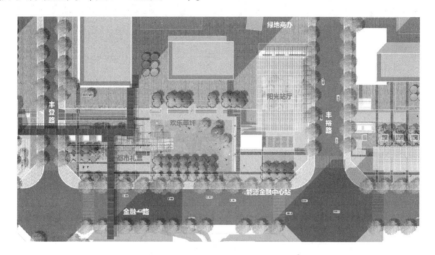

图 8-7　阳光站厅平面示意

图 8-8　阳光站厅效果图

　　活力客厅：户外市集提供了各种社区活动空间，同时，台地商业创造了丰富的外摆层次（图8-10、图8-11）。

　　冬季花园：最北侧地块为冬季花园，作为室内花园四季如春，成为文化建筑的公共活动空间（图8-12）。

图 8-9　都市礼盒效果图

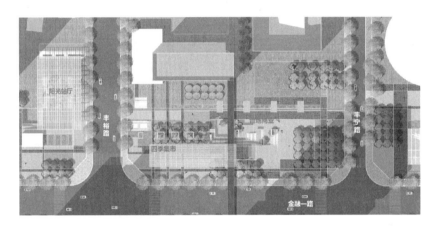

图 8-10　活力客厅平面示意

图 8-11　台地商业效果图

图 8-12 冬季花园效果图

8.2.1 竖向设计

竖向设计在地下层主要解决了完成南北贯通时的高差，以 3% 的舒适放坡连通整个空间，以达到步行舒适的最大化。一层空间和地下空间的连接都通过扶梯和直梯，以达到最大便利（图 8-13）。

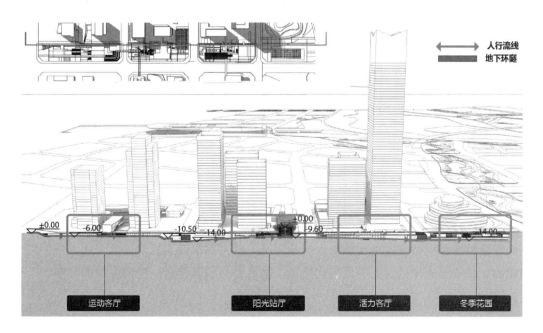

图 8-13 竖向设计

8.2.2　无障碍设计

项目采用直梯、滚梯等设计方式，满足无障碍的需求。

8.2.3　种植设计

树种选择西安本地树种，三季有花，四季常绿；广场上选用干直、树冠饱满、树形端正的树种，两层种植方式，保证视线通透；局部选用多层种植方式，体现物种多样性，采用种植草与宿根花卉混合种植的方式，冬季种植草可以大面积覆盖，避免冬季露土的问题（图8-14）。

图8-14　种植设计

8.2.4　园林建筑与小品设计

园林构筑物起到地标性及功能性作用，并结合建筑泛光照明增加夜间商业气氛（图8-15）。

标识雕塑类项目主要用于放置在绿化带中的主题雕塑、艺术桌椅、艺术灯杆等，注重与景观带特点相融合，打造绿化带特色景观（图8-16）。

智慧科技类小品主要用于景观带配套建筑，着力将配套工程建设为使用太阳能灯清洁能源、装修设施绿色智能的现代化建筑，同时兼具科普教育、宣传展示的功能。

图 8-15　小品设计

图 8-16　标识雕塑类项目

8.3
"海绵城市" 技术措施

按照《西咸新区海绵城市总体规划》的设计目标，严格按照控制性指标进行设计，设置下沉式绿地、蓄水模块、植草沟、透水铺装等海绵设施，收集和处理广场内雨水，净化后回用于广场景观绿化及冲洗用水。通过与景观设计充分协调，在提升城市生态环境质量、营造富有特色地下空间的同时，增强了广场绿地的雨洪调蓄能力，有效缓解了区域的内涝问题，并有助于提高雨水资源化利用率。

（1）下沉式绿地

本项目将绿化带设计为下沉式绿地，绿地地面标高低于路面标高300mm，利用绿化带储存路面雨水，并增强其自身的入渗能力，强化雨水净化功能（图8-17）。

图8-17   下沉绿地排水示意

下沉式绿地设置溢流措施，溢流口采用环保雨水口，雨水口高于下沉式绿地地面200mm，低于路面标高100mm。雨水充满下沉式绿地后通过环保雨水口溢流至雨水管网。

下沉式绿地的植物选用耐淹、耐旱、耐污染的植物种类以形成较好的植物配置模式。

绿化带内应采取必要的防渗措施及融雪剂过滤弃流设施，防止径流雨水下渗对地下空间造成破坏，以及融雪剂对植被和土壤造成损坏。

（2）生态树池

生态树池是点状的生物滞留设施，其形式灵活多样，树池内设有种植土（深度至少为 1m，上部铺有陶粒）；种植土的下部依次设有过滤土层和砾石层、渗水管。在这样的剖面结构中，渗水管的设置增大了该区雨水渗水的面积，从而延缓雨水的流失速度，使土壤长时间保持湿润，起到滞留净化路面雨水径流、提供适当的树荫的多重功能（图 8-18）。

结合景观树的位置及用水要求，表面采用装饰型构造，不影响景观绿化及结构防水需求。雨水经过步行道表层汇流，利用树池内的土壤完成雨水的初步过滤和入渗，并且降低雨水流速。溢流雨水进入雨水收集口，通过收集管道进入渗透式环形储水池内，进一步储存处理初期径流雨水，后期洁净雨水溢流至市政雨水管道。本项目植树采用生态树池方式种植。生态树池可以汇集

图 8-18　生态树池示意

路面径流雨水，通过雨水下渗来补给地下水，改善土壤条件，保证行道树生长，同时还可减少径流量，净化雨水。

（3）雨水花园

雨水花园主要指在场地上应用最少的人为建造技术和丰富的自然造景元素来进行雨水管理的花园式景观，其形式、面积、位置也都相对随意，更适合城市中心区局部开敞空间或者中心区以外的城市新区。

雨水花园的结构主要有 5 个部分，分别为蓄水层、覆盖层、植被及种植土层、人工填料层及砾石层。雨水花园的运行模式主要是道路地表径流通过进水口结构流入，在花园中流经植物、土壤、砂石的过程中完成"降速、过滤、吸收、净化、下渗"的自然水循环过程，进行水量、水质的全方位管理。当遭遇特大暴雨，流入雨水超过其设计处理能力时，雨水还可以从雨水溢流口流入雨水管道系统或其他雨水管理设施（图 8-19）。

（4）环保雨水口

和传统的雨水口相比，环保雨水口具有良好的承重性能、高效的雨水净化能力、安装维护便捷等特点，被大量应用于建筑与小区、城市道路和广场中。环保雨水口的主要工作原理是初期雨水经挂篮后及滤料截污，逐步净化，最后排入市政雨水管道；后期雨水经过中层滤料上部，溢流至内层，并直接排放。

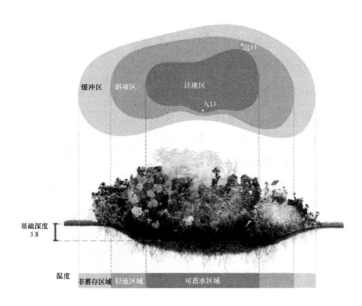

图 8-19　雨水花园示意

（5）初期雨水调蓄池

雨水的调蓄处理是指对雨水进行调节和储蓄，是缓解城市初期雨水污染的有效手段。为了减少初期雨水对水环境的污染，雨天时对初期雨水进行储存，降雨结束后调蓄池对雨水进行净化然后加以利用。调蓄池的作用主要有：保护河流，避免水环境的恶化；减小洪峰流量，在城市防洪中起重要作用；净化雨水，使雨水资源得到最大限度的利用。调蓄池已经在日本、德国及我国上海世博园中得到了广泛应用，可以对雨水资源进行充分利用，取得较高的经济效益与环境效益。

第 9 章

新技术应用及建议

项目设计以高标准、示范性为目标，以"节能、环保、绿色"为宗旨，引入 BIM、三维可视化设计等技术更好地服务于设计和管理。采取的措施主要有：低碳坡度、优化路面结构、落实海绵城市理念、引入绿色环保材料等。

9.1

道路三维设计技术应用

（1）道路三维可视化技术概述

道路三维可视化技术利用道路设计的相关资料，借助 RS 技术、GIS 技术等，进行地质资料搜集，生成道路三维可视化实体场景，利用建模软件进行道路景观模拟设计与分析。目前道路三维可视化建模应用的软件较多，主要包括 CAD 软件、3dMax、BIM 等。道路三维可视化后，设计人员可以任意获取道路的三维动画效果图，调用数据信息，提高设计的合理性。BIM 技术的应用，在极大程度上提高了道路三维可视化效果。道路三维可视化技术为道路设计提供了更多的功能，为管线工程与桥梁工程，设计了专门的软件。

（2）道路设计中运用的三维可视化技术

① 探地雷达技术的三维可视化特点

在进行道路设计时，运用探地雷达技术的道路三维可视化方法，基于高频电磁波原理，对目标物进行探测，当探地雷达探测到目标物体时则通过发射天线，进行定向辐射，若脉冲电磁波传输过程中，测定到在电性差异界面或者目标体后，则会发生散射或者反射，再利用接收天线进行反射。此技术的三维可视化主要体现在后期数据展现方面，利用 Surfur 软件，能够对道路塌陷隐患区进行测定，使得侧线更加形象与直观。探地雷达技术主要适用于地面塌陷探测分析中，将其应用在道路设计中，发挥其三维可视化特点，则能够极大程度上降低道路后期发生坍塌事故的概率。

② BIM 技术

BIM 技术是基于欧特克可视化技术构建的数字化建筑模型。在道路设计中，利用 GIS 技术及其他信息技术等作为基础，利用 BIM 建模软件进行道路实体模拟建模，以三维图纸的形式将设计图纸输出，可以说三维图纸是 BIM 技术三维可视化的主要体现载体。除此之外，设计人员利用 BIM 建模软件，结合运用 CAD 进行基础数据处理，能够及时地发现工程设计所存在的问题，进而在设计阶段加以有效管控。随着后期的发展，各平台与软件也相继增加了 BIM 建模功能模块，进而完善三维可视化技术。道路三维可视化和道路 BIM 之间存在着差异性，道路三维可视化为完成设计后的翻模，是静态的三维可视化，以动画形式来表达。

③ MS 三维可视化技术

MS（MicroStation）三维可视化技术是基于奔特力理论所研发的建模软件系统，

除了 MS 软件外，还包括 PC、PW 等，此类软件被广泛地应用于基础设施建设工程中。应用在复杂的道路工程中，能够实现高覆盖面，确保道路设计的合理性。MS 软件和其他软件的结合应用，不仅能够实现二维设计，同时也能实现三维设计。

（3）道路设计中三维可视化技术的实际应用

道路设计过程中需要进行土方量计算，此过程也就是求取设计地表模型及现状地表模型之间体积差的过程。利用道路三维可视化技术，基于不规则三角网，来建立高程模型，进而能够准确地反映出道路工程现场的地形与地貌特征。利用三维显示功能，还能够将实际地形和设计地形展现出来。

道路设计中运用各类建模软件进行道路模拟设计，能够有效地展现三维可视化特点，即直观性与清晰性。运用三维可视化技术，则需要建立模型，利用软件模型的功能模块，进行操作设计，结合运用软件的各功能，能够生成道路工程的地形三维可视图及高程模型图等，极大程度上提高设计人员的工作效率。

9.2

低碳坡度

"低碳经济"是一项具有重大理论价值和现实意义的课题。"转变传统观念，推广低碳发展"适合于中国国情，是全面落实科学发展观、实现可持续发展的必由之路。当前"低碳生活""低碳城市""低碳社会"等一系列新概念和新政策，正在逐步推广和应用。工程设计应顺乎世纪潮流，改进传统设计方法，注入低碳环保的设计理念，摒弃原有单一片面的工程经济技术分析方式，从安全、环保、可持续发展等多方面综合考虑，使工程建设发挥出最大的社会价值。

《公路路线设计规范》（JGT D20—2006）和《城市道路工程设计规范》（CJJ 37—2012）对坡度和坡长的限制是出于行驶安全的考虑，与经济油耗基本无关。传统设计方法中，设计人员往往比较重视道路的直接投资，对车辆的运营效益等考虑不足。例如，纵断面设计中，设计人员往往采用较大纵坡，以降低成本，但是对因此造成的车辆行驶效益降低估计不足。表 9-1 为道路纵坡—油耗—经济效益分析比较。

表 9-1　道路纵坡—油耗—经济效益分析比较

坡度	0	2%	4%	6%	8%
速度（km/h）	30				
单位油耗（mL/s）	1.1	2.1	2.9	4.2	5.2
百公里时间（s）	12 000	12 000	12 000	12 000	12 000
百公里油耗（mL）	13 200	20 200	34 800	50 400	62 400
小时油耗（L/h）	3.96	7.56	10.44	15.12	18.72
汽油价（元/L）	7.5	7.5	7.5	7.5	7.5
小时耗油价/（元）	25.74	49.14	67.86	98.28	121.68

由表 9-1 可知，若车辆一小时营运收入为 50 元，则当其连续一小时行驶在纵坡大于 2% 的道路上时即出现亏损，说明坡度对车辆耗油有较大的影响。根据国内外的最新研究表明，上坡路段道路耗油随速度变换的均方差增加而增加，下坡路段与车速变化和坡长有较为敏感的关系。由此我们提出"低碳坡度"的设计概念，将对道路纵断面设计标准在满足规范要求下进行综合考虑。

项目组将选取已建道路的某一路段（匝道）分别进行试验车随车运行和定速行驶下车速、坡度和油耗的数据统计，对爬坡和下坡路段分别建立"坡度—速度变化特性—油耗"模型，通过回归分析，以确定竖曲线形态和耗油之间的关系，从而指导设计中纵断面坡度设置，实现车辆在坡度上的低耗油，降低尾气排放，创建低碳道路。

9.3
路面结构

（1） TRUPAVE 聚酯玻纤布防裂防水材料

TRUPAVE 聚酯玻纤布是现行国内推广采用的一种新型沥青路面防裂防水材料，特别适用于混凝土道路改造加铺沥青混凝土路面使用。该产品较同类型产品的突出优点有：①能有效延缓反射裂缝；②为道路提供超级防水层；③防止深层结构破坏；④施工简易，操作方便。

在道路早期损坏的各类病害中，裂缝、水破坏及其引起的其他病害约占 80％ 的比例，由于裂缝的产生会很快破坏路面的使用性能，并造成深层次的结构性损害，大大缩短道路的正常使用年限，而现在国内常用的土工材料（玻纤隔栅）未能有效解决和延缓路面裂缝的反射问题，玻纤隔栅的网格结构在路面结构中不仅不能防水，还会造成所处路面的层间疲劳开裂，导致进一步的水损坏。玻纤隔栅的刚性结构与沥青混合料的柔性结构不能良好相容。TRUPAVE 聚酯玻纤布以玻璃纤维和聚酯纤维为原料的复合材料，具有玻璃纤维的强度和聚酯纤维的柔韧性，并具有与沥青良好的浸润性和良好的结合能力（表9-2）。

表 9-2 TRUPAVE 聚酯玻纤布的物理特性

性质	测试方法	单位	典型值
抗拉强度，纵向	ASTMD5035	kN/m	4
断裂延伸率，纵向	ASTMD503	%	<5
抗拉强度，横向	ASTMD503	kN/m	4
断裂延伸率，横向	ASTMD503	%	<5
熔点	ASTMD276	℃	205
沥青吸收量	Tex −616 −J	kg/m²	0.9
单位重量	ASTMD5261	g/m²	125
单位厚度	—	mm	0.69
定伸模量	ASTMD5035	kN/m²	80

TRUPAVE 聚酯玻纤布作用原理是为沥青路面添加了应力分散防水层。应力分散防水层是由 TRUPAVE 聚酯玻纤布、沥青黏结层、整平层组成的路面结构。

根据使用 TRUPAVE 聚酯玻纤布进行改造的道路使用效果，以及类似道路改造工程的设计经验，推荐采用该新型沥青混凝土道路防裂防水材料。

（2）Rad Spunrie 沥青路面专用抗车辙剂

Rad Spunrie 是一种由多种聚合物复合成的沥青混合料添加剂，它通过集料表面的增黏、加筋、填充，以及沥青改性、弹性恢复等多重作用而大幅提高沥青混合料的高温稳定性，并对混合料的水稳定性和低温抗裂性也有改善。

1）胶结作用

Rad Spunrie 沥青混合料添加剂在湿拌和运输过程中，部分溶解或膨胀于沥青中，形成胶结作用，从而达到提高软化点温度、增加黏度、降低热敏性等沥青改性的作用。

2）加筋作用

聚合物形成的微结晶区具有相当的劲度，在拌和过程中部分拉丝成塑料纤维，在集料骨架内搭桥交联而形成纤维加筋作用。

3）嵌挤作用

Rad Spunrie 沥青混合料添加剂在施工中临时软化，然后这些颗粒在碾压过程中热成型，相当于具有高黏附性的单一粒径细集料填充了集料骨架中的空隙，增加了沥青混合料结构的骨架作用，同时降低了成型路面的渗透性。

4）变形恢复作用

Rad Spunrie 沥青混合料添加剂的弹性成分在较高温度时具有使路面的变形部分恢复弹性的功能，因而降低了成型沥青路面的永久变形。

通过采用该新型抗车辙添加剂能大量减少早期破损的发生，提高沥青路面的使用寿命，是值得推广使用的一种新型沥青路面添加剂。

9.4

海绵城市

"海绵城市"是指城市能够像"海绵"一样，在适应环境变化和应对自然灾害等方面具有良好的"弹性"，通过渗、滞、蓄、净、用、排等多种生态化技术，构建低影响开发雨水系统。海绵城市建设应遵循生态优先等原则，将自然途径与人工措施相结合，在确保城市排水防涝安全的前提下，最大限度地实现雨水在城市区域的积存、渗透和净化，促进雨水资源的利用和生态环境保护。

（1）人行道铺装结构基础和路面部分

透水铺装构造自上而下依次为透水面层、透水找平层、透水基层和透水底基层。路面层选用透水性较强的透水砖或透水沥青。

（2）下凹式绿地

绿地雨水入渗设施应与景观设计相结合，边界应低于周围硬化地面。雨水入流宜采用分散式进水，以减少对绿地的冲击，有条件时可在入口处设置消能缓冲措施。下凹式绿地中的植物选取很重要，要满足耐旱耐淹要求并与景观协调一致，否则经常更换植物既影响美观，又造成投资浪费。

下凹式绿地应满足下列要求：

① 下凹式绿地应低于周边铺砌地面或道路，下凹深度宜为 100 ~200mm；

② 周边雨水宜分散进入下凹绿地，当集中进入时应在入口处设置缓冲设施；

③ 下凹式绿地植物应选用耐旱耐淹的品种；

④ 当采用绿地入渗时可设置入渗池、入渗井等入渗设施，增加入渗能力。

下凹式绿地设计，应符合下列要求：

① 应尽量采用本地的、耐淹耐旱种类的植物；

② 与路面、广场等硬化地面相连接的绿地，宜低于硬化地面 100 ~200mm；

③ 当有排水要求时，绿地内宜设置雨水口，其顶面标高宜高于绿地 50 ~100mm。

绿地内表层土壤入渗能力不够时，可增设人工渗透设施。渗透设施宜根据汇水面积、绿地地形、土壤质地等因素选用浅沟、洼地、渗渠、渗透管沟、入渗井、入渗地、渗透管—排放系统等形式或其组合。

道路绿化隔离带可结合用地条件和绿化方案设置下凹式绿地。道路红线内外绿地的高程一般应低于路面，通过在绿化带内设置植草沟、雨水花园、下沉式绿地等设施滞留、消纳雨水径流，减少雨水排放，设施的设计应与道路景观设计紧密结合；道路红线外绿地在空间规模较大时，可设计雨水湿地、雨水塘等雨水调蓄设施，集中消纳道路及周边地块雨水径流，控制径流污染。

（3）透水铺装设计

人行道路基、水稳层及路面全部采用具有透水性能的材料。路面主材选用600mm×300mm大规格透水砖，每隔30m做颜色接近石材隔断，以丰富路面效果，整体简约并与道路景观位协调。

9.5
智慧路灯及照明管理系统

（1）智慧路灯

以 LED 为光源，以合理的照明设计为依托，以地理信息系统（GIS）平台为基础，融合大数据、云计算、物联网等技术，进一步实现单灯节能管理、设施安全监测、资产管理和生产管理等功能；利用信息技术、感知技术、网络技术、显示技术、视频技术实现智慧城市集基础信息感知采集、市民信息发布、便民服务等于一体的智慧路灯管理系统（图 9-1）。

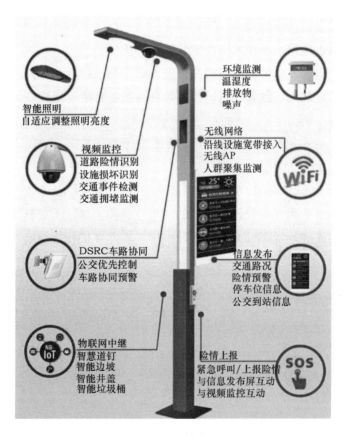

智能照明
自适应调整照明亮度

视频监控
道路险情识别
设施损坏识别
交通事件检测
交通拥堵监测

DSRC 车路协同
公交优先控制
车路协同预警

物联网中继
智慧道钉
智能边坡
智能井盖
智能垃圾桶

环境监测
温湿度
排放物
噪声

无线网络
沿线设施宽带接入
无线 AP
人群聚集监测

信息发布
交通路况
险情预警
停车位信息
公交到站信息

险情上报
紧急呼叫/上报险情
与信息发布屏互动
与视频监控互动

图 9-1　智慧路灯

（2）智慧照明控制系统

智慧照明控制系统功能简述如下。

属性管理：变压器、开关柜、监控终端、单灯控制器、灯杆、灯具、光源等基本属性管理。

控制策略：可实时、定时实现面控（全城区某一区域）、线控（一条线路）、组控（任意分组）、点控（任一灯位）、隔一亮一、隔一亮二等多种模式开关控制。

数据采集：定时或实时采集光源电压、电流、有功、无功、功率因数、开关状态等数据。

时钟：能远程和本地对终端进行时钟查询和对时命令。

参数：能远程和本地设置和查询集中器下所有灯的地址、相位、分组及控制时间等相关信息。

告警功能：能够检测意外亮灯、意外灭灯、停电、电压超限、过载、欠载、补偿电容等故障信息，并告警。

时间记录：远程和本地查询设备的事件记录，包括终端参数变更、采集失败、终端停/上电、时钟超差、异常和故障信息等，记录包括事件类型、发生时间等相关情况。

通信方式：支持电力载波，无线 ZigBee、WiFi 等多种通信方式，并支持自动路由、自动组网功能，实现通信全覆盖。

地图显示：通过地理信息技术实现定位和图形化显示。

设备编码：根据国家相关规定将相关设备编码，便于管理和查询。

数据报表：单灯属性、数量、运行数据等各种数据分析、报表统计、图形显示打印及输出。

单灯节能：配合多路降功率节能整流器或电子整流实现节能，节电率达到 25% 以上。

LED 控制：配合 LED 路灯，实现智能调光控制 LED 路灯。

以上功能的综合应用可有效延长路灯的使用寿命和大幅降低对电能的消耗，在大幅度节省电力资源的同时，提高公共照明管理水平，降低维护和管理成本。

9.6

新型缆线管廊

缆线管廊是市政线缆接至终端用户的重要通道,目前传统市政无法解决电力、通信各自独立,盖板浅沟式缆线管廊占用空间大、管理界面模糊、管线安装繁复、盖板影响海绵路面等问题。本项目通过国内外技术对比、理论分析、联合高校科研机构、新材料研究、模具研发、专家论证、试验试用,形成标准化建造技术,促进资源整合,实现资源优化配置与优化再生;优化产业结构、提高产业质量,优化产品结构、提升产品质量,实现创新—协调—绿色—开放—共享的发展,创造西咸质量。

(1)国内缆线管廊现状

目前国内缆线敷设分为直埋、排管、电力沟、综合管廊内敷设。

目前国内电缆敷设方式存在以下问题:

① 力学性能低:排管不能直接埋设于机动车道路下,须做混凝土包封处理;

② 安装码放难:电缆排管多,敷设时须通过托架固定;

③ 连接方式杂:常用管材种类较多,连接方式各不相同(热熔、套筒、卡箍等),需借助工具安装;

④ 作业周期长:一条缆线管廊的敷设,需要经历基坑开挖、敷设管线、浇筑(包封)混凝土、混凝土养护、回填土方等多道工序,现场需要湿作业,施工环境污染严重,作业周期长;

⑤ 施工手段差:电缆井、电力沟基本采用普通现浇钢筋混凝土的方式,尤其是电缆井还多采用砖砌,建筑材料落后。

(2)缆线管廊创新方案

新型排管通道型缆线管廊是由排管及预制拼装井组成的,利用新型管道技术及预制拼装技术,以容纳电力、通信、道路照明、交通监控等缆线敷设的缆线管廊综合解决方案。其具有管线敷设空间独立、体积小、施工周期短、造价低、运维管理便捷等特点,并且组合灵活自由,尤其适用于窄路密网街区的线缆敷设(图9-2、图9-3)。

相比于传统廊道缆线管廊,新型缆线管廊可节省地下空间30%以上。

　　通过对比显示，新型缆线管廊在空间占用、造价、施工工期、运维管理等方面具有明显优势，经济效益与社会效益显著，符合绿色、节能、集约的发展理念，值得大范围推广。

图 9-2　新型管材及预制拼装井

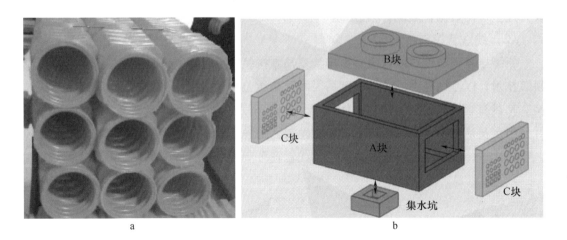

图 9-3　新型管材及预制拼装井

9.7
BIM 协同设计和应用

9.7.1 地上建模

(1) 实景模型

采用倾斜摄影技术，实现项目的实景模型，并按周期进行实景模型的更新，直到竣工，完成最终的实景模型，对接 CIM 平台（图 9-4）。

图 9-4 倾斜摄影模型

(2) 三维地模

利用倾斜摄影数据或者二维地形图，创建三维地模，为后续道路、桥梁、管廊和官网系统创建前置条件（图 9-5）。

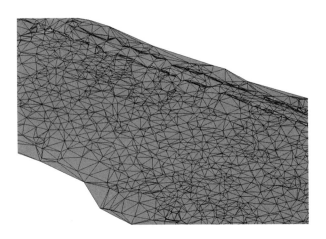

图 9-5　三维地模

9.7.2　地下建模

（1）三维地质建模

市政工程，尤其是包含桥梁、综合管廊和雨污水管网的工程，三维地质模型非常重要。

为得到更为直观的地质结构形态，为建设方、设计方等提供更好的决策和设计条件，使用 BIM 设计软件 Revit 构建三维地质层模型，展现不同地层的结构信息和地质形态，将传统的二维剖面图转化为三维可视化模型。

（2）地下构筑物建模

对于项目穿越河道、现状桥梁、既有建筑、控制性建筑物基础和地下主要管线、人行地道等，搭建 BIM 模型，直观准确地布设线路。

（3）模型搭建

多专业协同搭建模型，如图 9-6 所示。

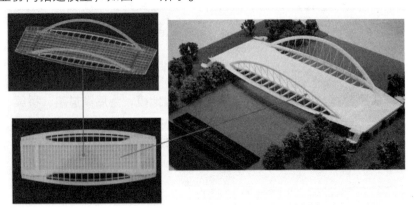

图 9-6　模型搭建

（4）工程量统计

通过三维建模，可以进行工程量的统计计算。利用已经搭建完成的模型，直接统计生成主要材料的工程量，辅助工程管理和工程造价的概预算，有效地提高工作效率。

（5）施工模拟

施工模拟如图 9-7 所示。

图 9-7　施工模拟

9.7.3　模型浏览

模型提交给甲方，提供原始模型和轻量化模型，方便不同情况下的模型浏览。原始模型需借助专业软件进行操作浏览；轻量化模型制作成不同类型，分别借助 3D PDF 和 IPAD 工具进行实时浏览查看，操作方便（图 9-8）。

图 9-8　3D PDF 模型浏览

9.7.4 BIM 综合应用

（1）碰撞检查

利用 BIM 模型进行图纸会审，通过模型复核设计的合理性，提前排除设计图纸中的"错、漏、碰、缺"等问题，减少因设计不合理造成的返工，保证施工工期（图 9-9）。

三维图纸会审应用内容包括：①碰撞检查、虚拟漫游、净高检查、预留洞口检查等；②对设计成果合规性、工程接口协调性、是否有利于施工等进行检查并形成记录。

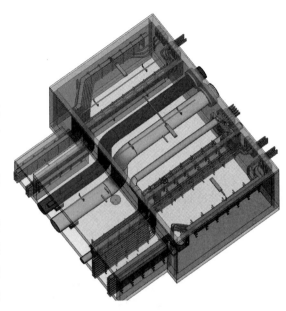

图 9-9　模型三维碰撞

（2）施工深化设计

根据专业特点和现场实施的需要，对施工图设计模型进行深化，提升设计模型的准确性、精度、可校核性，达到指导现场施工的目的。

道路工程包括道路绿化深化、标示标线深化、信号灯深化、面砖排版深化等。

桥梁工程包括桥梁景观深化、夜景照明深化、装修深化、栏杆深化等（图 9-10）。

图 9-10　管廊与地铁共建

（3）行车视距模拟

基于 BIM 的行车动线模拟，可以提供行车线及道路标示牌设计一个直观效果，进而对平总线型综合、出入口视距等进行三维检查。

（4）施工方案模拟

利用 BIM 模型对施工方案进行模拟预演，通过对单个施工方案模拟或多个施工方案的分析、对比，达到合理配置资源，有效降低成本、缩短工期、提高工程质量的目的。

施工方案应用主要内容包括：①根据施工方案对模型构件进行拆分或合并，形成施工模拟模型；②利用施工模拟模型进行施工方案的模拟分析或比对，形成分析报告。

（5）三维设计交底

可视化交底应结合施工模拟，使项目参与人员尤其是施工人员明确设计意图，更好地完成施工。

（6）施工场地布置

利用 BIM 模型进行运输机械、施工道路、办公生活临时设施、安全文明施工、临时水电等施工场地布置，提前发现施工空间冲突，辅助现场临时设施管理。

施工场地布置应用内容包括：①施工设施设备模型库建设；②场地布置及主要施工设备（如塔吊）运行模拟；③临时设施工程量统计等。

（7）道路交通导改

利用 BIM 模型构建由围挡设施、道路、设备车辆、周边实景所组成的虚拟三维交通场景，借助 BIM 软件对不同导改方案进行可视化模拟，辅助道路交通导改方案的选定。

道路交通导改应用主要内容包括：①建立交通导改模型；②交通导改方案可视化模拟与成果技术交底等。

（8）景观布置

将景观模型融入倾斜摄影实景模型环境下，对景观布置方案进行全方位、全天候模拟，全面检视景观方案与周边实景环境的协调性，以达到加快方案定型的目的。

（9）道路沿线市政设施应用

BIM 在管线综合应用方面的应用效果非常显著，在市政方面的综合管廊同样如此，市政管廊录入 BIM 系统还有一个非常重要的作用——建立城市管网数据。基于 BIM 的城市管网数据可以结合 GIS 技术（地理信息系统），为建设智慧城市提供基础数据。在 BIM＋GIS 平台中，以 GIS 作为宏观展示市政基础设施的地理信息数据；以 BIM 作为微观展示基础设施项目的构件信息；同时，在 GIS＋BIM 平台上挂接相应的业务数据，GIS＋BIM 平台作为数据的载体，有效地整合了目前分散的信息。

（10）复杂节点辅助出图

在复杂节点的设计中，可在 BIM 模型中剖切，经过注释后生成施工图。基于 BIM 的设计和出图的好处在于大大提高了设计的精度和质量（图 9-11）。

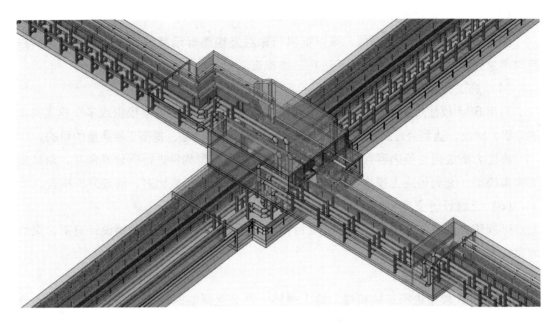

图 9-11　复杂三维节点

（11）三维算量

BIM 模型本身涵盖了构件本身的工程量信息，我们可以通过软件自动提取或者通过计算规则套算出构件的工程量。当然，目前市场上大部分 BIM 软件对算量并没有完美支持，部分工程量无法通过模型直接计算，可结合手算或传统的算法来解决。但 BIM 在整个工程造价工作中充当一个造价数据的整合平台，可以把三维模型导出的工程量、公式套算出来的工程量、传统手算的工程量进行整合管理，最后在基于 BIM 的造价平台中对项目的生成进行生成指导和成本控制。

9.8
BIM 平台技术

通过成立 BIM 组负责专项工作，运用 BIM 和 CIM 协同设计，打造完整的数字化三维设计，进行模型的设计、优化、出图及施工指导，运用到设计的各个阶段（图 9-12）。

① 编制项目 BIM 实施标准。

② 将协同设计平台运用到设计的各个阶段，提质提效。

③ 成果质量控制。BIM 成果在与项目参与方共享或提交业主之前，BIM 质量负责人应对 BIM 成果进行质量检查确认，确保其符合要求。

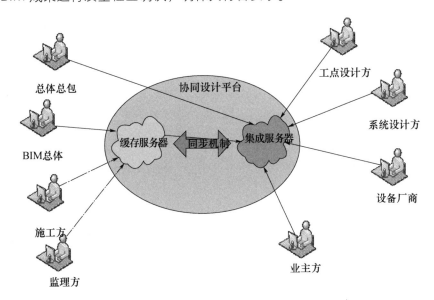

图 9-12　协同平台

BIM 成果质量检查应考虑以下内容：

a. 目视检查：确保没有意外的模型构件，并检查模型是否正确地表达设计意图；

b. 检查冲突：由冲突检测软件检测两个（或多个）模型之间是否有冲突问题；

c. 标准检查：确保该模型符合 BIM 实施导则内容；

d. 内容验证：确保数据没有未定义或错误定义的内容。

④ 里程碑管理办法。本项目涵盖多个项目阶段，各个阶段采用里程碑管理办法，通过对各里程碑节点的 BIM 应用审查与验收进度控制。

⑤ 建立分级管理制度。运用 BIM 技术平台，建立 BIM 实施进度计划分级管理机

制，根据业主的工程总进度计划、设计总进度计划、分项设计分解计划及施工进度计划，编制 BIM 总体进度计划、BIM 分项分解计划，并负责协调落实相关启动资料。BIM 项目实施组根据分解计划编制具体应用的 BIM 分项详细作业计划，并负责落实执行。

参考文献

[1] CJJ 37—2012. 城市道路工程设计规范（2016 年版）[S]. 北京：中国建筑工业出版社，2016.

[2] CJJ 221—2015. 城市地下道路工程设计规范 [S]. 北京：中国建筑工业出版社，2015.

[3] CJJ 193—2012. 城市道路路线设计规范 [S]. 北京：中国建筑工业出版社，2013.

[4] CJJ 194—2013. 城市道路路基设计规范 [S]. 北京：中国建筑工业出版社，2013.

[5] CJJ 169—2012. 城镇道路路面设计规范 [S]. 北京：中国建筑工业出版社，2012.

[6] GB 50763—2012. 无障碍设计规范 [S]. 北京：中国建筑工业出版社，2012.

[7] GB 50647—2011. 城市道路交叉口规划规范 [S]. 北京：中国计划出版社，2011.

[8] CJJ 75—97. 城市道路绿化规划与设计规范 [S]. 北京：中国建筑工业出版社，1998.

[9] JTG D50—2017. 公路沥青路面设计规范 [S]. 北京：人民交通出版社，2017.

[10] JTG 3362—2018. 公路钢筋混凝土及预应力混凝土桥涵设计规范 [S]. 北京：人民交通出版社，2018.

[11] JTG D40—2018. 公路水泥混凝土路面设计规范 [S]. 北京：人民交通出版社，2018.

[12] JTG F40—2017. 公路沥青路面施工技术规范 [S]. 北京：人民交通出版社，2017.

[13] GB 50688—2011. 城市道路交通设施设计规范（2019 年版）[S]. 北京：中国计划出版社，2019.

[14] GB 50838—2015. 城市综合管廊工程技术规范 [S]. 北京：中国计划出版社，2015.

[15] GB 50289—2016. 城市工程管线综合规划规范 [S]. 北京：中国建筑工业出版社，2016.

[16] GB 50153—2008. 工程结构可靠性设计统一标准 [S]. 北京：中国建筑工业出版社，2008.

[17] GB 50068—2001. 建筑结构可靠度设计统一标准 [S]. 北京：中国建筑工业出版社，2001.

[18] GB 50223—2008. 建筑工程抗震设防分类标准 [S]. 北京：中国建筑工业出版社，2008.

[19] GB 50009—2012. 建筑结构荷载规范 [S]. 北京：中国建筑工业出版社，2012.

[20] GB 50010—2010. 混凝土结构设计规范（2015 版）[S]. 北京：中国建筑工业出版社，2016.

[21] GB 50007—2011. 建筑地基基础设计规范 [S]. 北京：中国建筑工业出版社，2011.

[22] GB 50021—2001. 岩土工程勘察规范（2009 年版）[S]. 北京：中国建筑工业出版社，2009.

[23] GB/T 50476—2019. 混凝土结构耐久性设计规范 [S]. 北京：中国建筑工业出版社，2019.

[24] GB 50017—2017. 钢结构设计标准 [S]. 北京：中国建筑工业出版社，2017.

[25] GB 50003—2011. 砌体结构设计规范 [S]. 北京：中国建筑工业出版社，2011.

[26] JTG B01—2014. 公路工程技术标准 [S]. 北京：人民交通出版社，2014.

[27] JGJ 120—2012. 建筑基坑支护技术规程 [S]. 北京：中国建筑工业出版社，2012.

[28] GB 50019—2015. 工业建筑供暖通风与空气调节设计规范 [S]. 北京：中国计划出版社，2015.

[29] GB 50736—2012. 民用建筑供暖通风与空气调节设计规范 [S]. 北京：中国建筑工业出版社，2012.

[30] JTG/T D70/2 –02—2014. 公路隧道通风设计细则 [S]. 北京：人民交通出版社，2014.

[31] GB 50116—2013. 火灾自动报警设计规范 [S]. 北京：中国计划出版社，2013.

[32] GB 50055—2011. 通用用电设备配电设计规范 [S]. 北京：中国计划出版社，2011.

[33] GB 50311—2016. 综合布线系统工程设计规范 [S]. 北京：中国计划出版社，2016.

[34] CJJ 45—2015. 城市道路照明设计标准 [S]. 北京：中国计划出版社，2016.

[35] GB 50052—2009. 供配电系统设计规范 [S]. 北京：中国计划出版社，2009.

[36] GB 50464—2008. 视频显示系统工程技术规范 [S]. 北京：中国计划出版社，2008.

[37] JGJ/T 334—2014. 建筑设备监控系统工程技术规范 [S]. 北京：中国建筑工业出版社，2014.

[38] CJJ/T 227—2014. 城市照明自动控制系统技术规范 [S]. 北京：中国建筑工业出版社，2014.

［39］李广信，张丙印，于玉贞．土力学［M］．2 版．北京：清华大学出版社，2013.

［40］贺少辉．地下工程（修订本）［M］．北京：人民交通出版社，2006.

［41］陈志敏，欧尔峰，马丽娜．隧道及地下工程［M］．北京：清华大学出版社，2014.

［42］杨其新，王明年．地下工程施工与管理［M］．成都：西南交通大学出版社，2015.

［43］沈春林．地下工程防水设计与施工［M］．2 版．北京：化学工业出版社，2016.

［44］穆保岗，陶津．地下结构工程［M］．3 版．南京：东南大学出版社，2016.

［45］曾亚武．地下结构设计模型［M］．2 版．武汉：武汉大学出版社，2013.

［46］徐干成．地下工程支护结构与设计［M］．北京：中国水利水电出版社，2013.

［47］朱合华．地下建筑结构［M］．2 版．北京：中国建筑工业出版社，2011.

［48］刘国彬，王卫东．基坑工程手册［M］．2 版．北京：中国建筑工业出版社，2009.

［49］刘宗仁．基坑工程［M］．哈尔滨：哈尔滨工业大学出版社，2008.

［50］潘洪科．地基处理技术与基坑工程［M］．北京：机械工业出版社，2015.

［51］刘新荣．地下结构设计［M］．重庆：重庆大学出版社，2013.

［52］王树理．地下建筑结构设计［M］．北京：清华大学出版社，2009.

［53］张庆贺，朱合华，庄荣．地铁与轻轨［M］．2 版．北京：人民交通出版社，2008.

［54］夏明耀，曾进伦．地下工程设计施工手册［M］．2 版．北京：中国建筑工业出版社，2014.

［55］陶龙光，刘波，侯公羽．城市地下工程［M］．2 版．北京：科学出版社，1996.

［56］刘增荣．地下结构设计［M］．北京：中国建筑工业出版社，2013.

［57］谢康和，周健．岩土工程有限元分析理论与应用［M］．北京：科学出版社，2002.

［58］侯艳娟，张顶立．浅埋大跨隧道穿越复杂建筑物安全风险分析及评估［J］．岩石力学与工程学报，2007，26（增2）：3718-3726.

［59］黄宏伟．隧道及地下工程建设中的风险管理研究进展［J］．地下空间与工程学报，2006，2（1）：13-20.

［60］周勇狄，夏永旭，王永东．公路隧道火灾消防救援安全研究［J］．中国公路学报，2008，21（6）：83-89.